博士论文
出版项目

知觉、行动与知识

一种“行动优先”的统一解释

Perception, Action and Knowledge

An *Action First* Unified Account

陈仕伟 著

中国社会科学出版社

图书在版编目（CIP）数据

知觉、行动与知识：一种“行动优先”的统一解释 / 陈仕伟著．—北京：中国社会科学出版社，2024.6

ISBN 978－7－5227－3560－3

Ⅰ.①知…　Ⅱ.①陈…　Ⅲ.①认知科学—研究　Ⅳ.①B842.1

中国国家版本馆 CIP 数据核字(2024)第 100020 号

出 版 人　赵剑英
责任编辑　刘亚楠
责任校对　张爱华
责任印制　张雪娇

出　　版　中国社会科学出版社
社　　址　北京鼓楼西大街甲 158 号
邮　　编　100720
网　　址　http://www.csspw.cn
发 行 部　010－84083685
门 市 部　010－84029450
经　　销　新华书店及其他书店

印　　刷　北京君升印刷有限公司
装　　订　廊坊市广阳区广增装订厂
版　　次　2024 年 6 月第 1 版
印　　次　2024 年 6 月第 1 次印刷

开　　本　710×1000　1/16
印　　张　15.5
插　　页　2
字　　数　215 千字
定　　价　98.00 元

凡购买中国社会科学出版社图书，如有质量问题请与本社营销中心联系调换
电话：010－84083683

出版说明

为进一步加大对哲学社会科学领域青年人才扶持力度，促进优秀青年学者更快更好成长，国家社科基金2019年起设立博士论文出版项目，重点资助学术基础扎实、具有创新意识和发展潜力的青年学者。每年评选一次。2021年经组织申报、专家评审、社会公示，评选出第三批博士论文项目。按照“统一标识、统一封面、统一版式、统一标准”的总体要求，现予出版，以飨读者。

全国哲学社会科学工作办公室

2022年

摘　　要

知觉经验的形而上学本质以及知觉知识的知识论特质一直是哲学讨论中的核心问题，历来争论不休。近年来朴素实在论这一传统知觉理论借由析取论的兴起而重新振兴，引起广泛讨论。本书认为朴素实在论极其符合我们对知觉经验的常识理解，但这也意味着它面临当下知觉哲学与认知科学讨论中的诸多挑战。本书尝试基于行动概念重新诠释知觉经验与知觉知识，纠正长久以来传统思辨哲学对知觉与知识的偏狭理解，主张知觉经验本质上是一种具身的有意行动，而知觉知识是感知者适切地完成相应的知觉行动后获得的认知成就。本书希望最终通过构建一种基于行动的朴素实在论与知识论析取主义，在保留当代朴素实在论洞见的同时，革新人们对知觉、行动与知识的理解，最终给出一个“行动优先”的统一解释。

当代朴素实在论作为一种知觉理论，主张感知者的知觉经验由对外部世界中对象和属性的直接感官觉知构成，感知者与外部世界中的对象和属性处于一种亲知关系中。近年来它借由析取论获得复兴，与传统表征论渐成分庭抗礼之势。本书研究即在此背景下展开，以当代朴素实在论面临的形而上学与知识论问题为纲要，在分析既有方案的不足之后，通过引入行动概念给出新的解决方案。

当代朴素实在论面临的形而上学挑战主要有二：一是知觉错误带来的挑战，二是认知科学带来的挑战。前者是传统形而上学问题，主要是“来自幻觉的论证”与“来自错觉的论证”，相关论证依据幻觉、错觉与真实知觉主观不可分辨，进而通过幻觉、错觉存在的问题对真实知觉提出质疑。后者则是近年的新发展，经验科学研究揭示了脑神经网络在视觉等知觉经验过程中如何运作，其间越来越多的证据表明在亚人格层面大脑和外部世界之间存在某种因果屏蔽，近端原因会屏蔽远端原因的因果效力。

表征论为这两个问题提供了至少看似合理的回应。对前者而言，幻觉、错觉与真实知觉共享了相同的知觉表征，这解释了主观感受的一致性，同时只有真实知觉中的知觉表征为真，这解释了它们之间的差异。对后者而言，表征论者则尝试将表征概念对标至亚人格层面的神经表征。相对而言，当代朴素实在论面临的挑战更大，因为无论是解释知觉错误，还是与经验科学研究相容，它们的构成性主张似乎都显得力不从心。于前者而言，知觉错误情形中显然没有对外部世界中对象和属性的直接感官觉知，既然如此，朴素实在论将如何解释知觉错误；于后者而言，若因果屏蔽果真存在，那么朴素实在论坚持的构成性主张又在何种意义上具有解释力。

不仅是形而上学层面，朴素实在论给出的知觉经验图景还面临知识论层面的挑战。既然亲知是知觉经验的本质，那么我们自然是通过这种亲知关系来获得关于外部世界的知识。它可以衍推出一种知识论析取主义，主张感知者的知觉知识在好情形和坏情形中获得的认知支持是不一样的。该理论作为一种知识理论，自然也需要接受怀疑论的检验，而最大的问题在于它似乎无法很好地说明好情形中感知者何以能够获得不同于坏情形中的事实性认知支持。

面对怀疑论挑战，表征论似乎也能给出表面合理的解释，它会直接承认好情形和坏情形中的心理表征没有形而上学区别，心理表征为知觉经验提供了精确条件，我们可以据此判断知觉经验提供的知觉知识之对错。反观朴素实在论或析取论，由于缺少了心理表征这一更容易匹配真假判断的解释项，在解释好坏情形中的认知支持何以不同时就陷入了困境。

本书认为，当下各版本的朴素实在论与知识论析取主义都未能很好地回应上述问题，原因在于它们未能意识到是传统讨论对知觉经验自身的理解出了问题。在传统知觉经验图景中，我们的知觉经验只是对外部世界对象和属性的被动接受，是受到外界刺激后被动产生的某种心灵状态，其背后是笛卡尔式心灵—世界二分的本体论图景。在被动的知觉经验中，单纯的亲知关系显然不比表征更具解释力，甚至前者更容易让人产生一种感知者只能顺应外部环境而缺乏能动性的错觉。朴素实在论的洞见在于我们通过知觉将世界纳入视野之中，但这种“纳入”只有在主动模型中才有意义。

因此，问题的关键在于打破这种图景。本书采用的策略是引入行动概念，通过重解知觉经验与知觉知识，实现心灵与世界的真正贯通，从而释放朴素实在论与知识论析取主义的理论活力。这种策略的要义在于知觉不是对外部世界刺激的被动接受，而是感知者主动做出的知觉行动。它主张我们要拒斥一种对知觉、行动与知识的合取式分析，提倡一种对知觉、行动与知识的析取式分析。作为三种不同的联系心灵与世界的方式，我们要重新意识到三者都是同时处于意义世界与物理世界之中的能动者所拥有的活动。

关键词： 朴素实在论；析取主义；知觉；行动；知识

Abstract

The metaphysical nature of perceptual experience and the epistemological characteristics of perceptual knowledge have always been core issues in philosophical discussions and have been controversial throughout history. In recent years, naïve realism, a traditional theory of perception, has been revitalized by the rise of disjunctivism and has aroused widespread discussion. This book believes that naïve realism is extremely consistent with our common sense understanding of perceptual experience, but it also faces many challenges in current discussions in the philosophy of perception and cognitive science. This book attempts to reinterpret perceptual experience and perceptual knowledge based on the concept of action, corrects the long-standing narrow understanding of perception and knowledge in traditional speculative philosophy, and advocates that perceptual experience is essentially an embodied intentional action, while perceptual knowledge is the perceiver's epistemic achievement obtained after completing the corresponding perceptual action. This book hopes to ultimately construct an action-based naïve realism and epistemological disjunctivism, while retaining the insights of contemporary naïve realism, trying to innovate people's understanding of perception, action, and knowledge, and ultimately providing an *action-first* unified account.

As a theory of perception, contemporary naïve realism advocates that the perceiver's perceptual experience consists of direct sensory awareness of objects and attributes in the external world, and that the perceiver is acquainted with the objects and attributes in the external world. In recent years, it has been revived through disjunctivism, gradually competing with traditional representational theory. The research in this book is carried out against this background. It uses the metaphysical and epistemological challenges faced by contemporary naïve realism as an outline. After analyzing the shortcomings of existing strategies, it provides a new strategy by introducing the concept of action.

There are two main metaphysical challenges faced by contemporary naïve realism: one is the challenge brought by perceptual errors, and the other is the challenge brought by cognitive science. The former is a traditional metaphysical issue, mainly "the argument from illusion" and "the argument from illusion". The relevant arguments are based on the subjective indistinguishability of hallucination, illusion and veridical perception, and then challenge the veridical perception by the bad situations of hallucination and illusion. The latter is a new development in recent years. Empirical scientific research has revealed how brain neural networks operate during perceptual experiences such as vision. During this period, more and more evidence shows that there is some kind of causal screen-off between the brain and the external world at the sub-personal level, and the proximal cause blocks the causal efficacy of the distal cause.

To those two problems, representationalists at least offer a plausible response. For the former, they hold that hallucinations, illusions and veridical perceptions share the same perceptual representation, which explains the consistency of subjective feelings, while only the perceptual representations in veridical perceptions are true, which explains their differences. For the latter, representationalists try to benchmark the concept of representation to neural representations at the sub-personal level. Relatively speaking, contemporary naïve realism faces greater challenges, because its constitutive claims seem to be insufficient to explain perceptual errors or to be compatible with empirical scientific research. For the former, there is obviously no direct sensory awareness of objects and attributes in the external world in the bad case. In this case, how can naïve realism explain the perceptual errors? For the latter, if there is really a so-called causal screen-off, then in what sense does the constitutive claim insisted by naïve realism have explanatory power.

Not only at the metaphysical level, the picture of perceptual experience given by naïve realism also faces epistemological challenges. Since acquaintance is the essence of perceptual experience, we naturally obtain knowledge about the external world through this acquaintance relationship. It results in a disjunctive theory of knowledge, which claims that the perceiver's perceptual knowledge receives different epistemic support in good situations and bad situations. As a theory of knowledge, this theory naturally needs to be tested by skepticism, and the biggest problem is that it does not seem to be able to explain well why perceivers can obtain different factual epistemic support in good situations rather than in bad situations.

Faced with the challenge of skepticism, representationalism seems to be able to give a superficially reasonable explanation. It will directly admit that there is no metaphysical difference between mental representations in good situations and bad situations. Mental representations provide accuracy conditions for perceptual experience, according to which we can judge the perceptual knowledge provided by perceptual experience is right or wrong. On the other hand, due to the lack of mental representation, an explanatory term that is easier to match true and false judgments, naïve realism or disjunctivism is in trouble when explaining why epistemic support differs between good and bad situations.

This book believes that the current versions of naïve realism and epistemological disjunctivism fail to respond well to the above problems because they fail to realize that there is a problem with the traditional discussion of the understanding of perceptual experience itself. In the traditional picture of perceptual experience, our perceptual experience is only the passive acceptance of objects and attributes in the external world. It is a certain mental state that is passively generated after being stimulated by the outside world. What behind it is the ontological picture of the Cartesian mind-world dichotomy. In passive perceptual experience, acquaintance is obviously no more explanatory than representation, and the former is even more likely to give people the impression that the perceiver can only adapt to the external environment and lacks agency. The insight of naïve realism is that we *take* the world *into* view through perception, but this *take-in* only makes sense within an active model.

The key, therefore, is to disrupt this picture. The strategy adopted in this book is to introduce the concept of action and realize the true connection between mind and world by reinterpreting perceptual experience and perceptual knowledge, thus releasing the theoretical vitality of naïve realism and epistemological disjunctivism. The essence of this strategy is that perception is not a passive acceptance of stimuli from the external world, but an active perceptual action by the perceiver. It insists that we reject a conjunctive analysis of perception, action and knowledge and advocate a disjunctive analysis of perception, action and knowledge. As three different ways of connecting mind and world, we must recognize that all three are activities owned by agents who are living in a both meaningful and physical world.

Key Words: naïve Realism, Disjunctivism, Perception, Action, Knowledge

目　录

Contents

引　　言

知觉是我们日常生活中最熟悉不过的现象。我看到眼前有一张栗色桌子，我听到檐下鸟儿的婉转啼鸣，我闻到窗外飘来的一缕花香，我尝到冰镇西瓜的甘甜爽口，可以说，我们每时每刻都在用知觉感受着这个世界。同时，我们也通过知觉获得关于外部世界的知识：我通过品尝得知西瓜是甜的，通过嗅闻得知花是香的，通过聆听得知黄鹂的啼鸣是婉转悦耳的，通过观察得知眼前的桌子是栗色的。作为普通人，我们通常不会对日常生活中的种种知觉经验以及就此获得的知觉知识产生怀疑。但在哲学工作者眼中，我们是否能够通过知觉经验成功感知外部世界并进而获得相应的知觉知识都尚未可知。因为下述疑问总是存在：我们的知觉官能是可靠的吗？我们是否只是处于幻觉或错觉中？如果这是可能的，那么我们基于何种理由相信自己能够通过知觉经验获得相应的关于外部世界的知识？

上述问题构成的关于知觉经验的形而上学研究和关于知觉知识的知识论研究，长久以来一直都是哲学讨论中的重要课题。在笔者看来，这两个课题相互勾连，一个好的关于知觉经验的形而上学理论应当同时可以提供解释知觉知识何以可能的框架；反之，一个好的关于知觉知识的知识论理论应当具有坚实的形而上学基础。近年来知觉哲学研究领域的新进展在于，随着认知心理学、脑神经科学的发展，认知科学作为一门新兴的交叉学科逐渐兴起。科学工作者从经验科学研究的角度对知觉现象做了大量的实证研究，这些研究成果提高了哲学工作者对知觉现象的科学认知，但同时也对传统知觉哲学研究提出了全新挑战。在新旧交融、错综复杂的发展环境中，如何正确把握当下知觉哲学研究的最新动向与核心问题，如何对当下讨论的核心议题给出有力的回应，是本书需要应对的挑战。

全书的探索不妨从解题开始。本书的主标题初看不免显得有些大而无当，毕竟每一个概念都可单独成书，因此笔者有必要预先作一简明的解题。主标题中“知觉”与“知识”表明本书的研究主题是知觉经验与知觉知识，笔者将对知觉经验的形而上学本质进行考察，并基于此进而考察相应的知觉知识的本质与价值。“行动”尽管并非本书的直接研究对象，却是成败的关键，是全书的核心概念，因为本书试图给出的关于知觉经验的形而上学解释以及关于知觉知识的知识论解释都是基于行动概念进行的合理重构。知觉经验本质上是一种具身的有意行动，而知觉知识是感知者适切地完成相应的知觉行动后获得的认知成就。“行动”在三个关键词的排列里居中，正是因为行动是连接知觉与知识的核心概念，没有相应的知觉行动，就没有相应的知觉知识。副标题展现了本书的最终成果，即给出一个“行动优先”的关于知觉、行动与知识的统一解释。

简明的解题之后，笔者希望进一步扼要地破题，以期各位读者在进入正文前能够对全书的讨论有一个总体性把握。

开宗明义，本书试图从形而上学与知识论两个维度对知觉作一复合考察。在笔者看来，这种复合考察是必要的，因为它能够综合不同的资源而形成一个对知觉现象的整全认知。具体而言，本书旨在发展和辩护一种基于行动的朴素实在论以及一种基于行动的知识论析取主义，两者既保留了当下朴素实在论与知识论析取主义各自的理论优势，同时又通过引入行动概念避免了各自的问题。两种理论相互映照，共同构成一种基于行动的新知觉范式。

笔者首先对本书所关注问题的逻辑演进作一简单梳理。历史上围绕知觉经验的哲学争论繁多，迭代而兴的知觉理论数不胜数。在既往讨论中，感觉材料理论、副词理论、表征理论等知觉理论都曾在不同的争论中独领风骚。然而哲学问题总是基于自身逻辑而不断发展的，在笔者看来，知觉哲学研究的核心议题可以总结为三场逻辑层层递进的争论。

第一场争论是实在论与观念论之争，争论的核心问题在于外部世界究竟能否独立于心灵而存在。这是一场典型的形而上学争论，外部世界的本体论地位成为争论的焦点。早期近代哲学中的观念论者对知觉中外部世界的存在本身提出质疑，他们认为知觉不过是观念或表象的集合，世界（或物自体）是无法知觉到的，甚或是不存在的。第二场争论是直接实在论与间接实在论之争，争论的核心问题在于设若外部世界独立于心灵而存在，那么我们对它的知觉究竟是直接的还是间接的。这一争论立足于第一场争论中的实在论立场而又提出了新的问题，即将心灵与世界的关系问题带入讨论的中心。感觉材料论者即间接实在论的代表，他们认为感知者无法直接知觉到外部世界，而至多只能知觉到感觉材料（sense data）。这一争论不仅是形而上学争论，它同时也带来严重的知识论问题。设若我们总是只能知觉到感觉材料，这意味着我们与外部世界的事实之间总是存在某种隔阂（即所谓的“知觉之幕”）。既如此，我们似乎永远也无法获得关于外部世界的确定的知识，关于外部世界知识的怀疑论便在此入场。

近年来，直接实在论逐渐在哲学讨论中占据主流，打破“知觉之幕”几乎成为共识，但在直接实在论内部却出现新的争论，即关系论与表征论之争（第三场争论）。两者的共性在于都承认感知者对外部世界的知觉是直接的，即不依赖于任何意义上的心灵中介；不同之处在于对这种直接知觉的实现方式意见不一。关系论者认为其实现依赖于达成一种亲知（acquaintance）关系，在知觉经验中外部世界中的对象通过感官经验直接呈现给感知者，这意味着当外部世界中的对象（关系项之一）不存在时就没有知觉经验。表征论者则认为感知者直接知觉到外部世界的方式是表征（representation），感知者通过形成对外部世界对象的表征而直接知觉到外部世界，这意味着即使被知觉对象当下不存在于感知者的环境之中，知觉经验依然可能存在。两种理论围绕着知觉内容、幻觉解释等诸多问题展开激烈的争论，成为当下知觉哲学研究中的主要争论。

在笔者看来，尽管第三场争论的论战双方都承认直接实在论的洞见，但“知觉之幕”的残影却并非如看上去那般被清理得干干净净。某种意义上，第三场争论是第二场争论的深化，是心灵—世界关系问题的当代表述。关系论彻底地贯彻了直接实在论的洞见，并通过新兴的析取主义表明了反对共同类原则的主张；而表征论则或多或少地保留了间接实在论的某些残余，表征尽管不是感觉材料，却难以逃脱感觉材料的阴影。笔者在本书中试图辩护的朴素实在论及其相对应的知识理论即关系论的代表理论，尽管它在当下争论中似乎正处于弱势地位，但笔者认为这是因为当下讨论中对知觉经验的基础性理解出现了偏差。在完成纠偏后，朴素实在论及其对应的知识理论无疑是极具说服力的。

通过简单的争论演进梳理，笔者说明了自己希望发展和辩护的理论在整个讨论中的位置。接下来笔者将对朴素实在论及其对应的知识理论面临的问题进行简要的概括，并简述自己的诊断及应对策略。

朴素实在论作为一种知觉理论，主张感知者的知觉经验由对外部世界中对象和属性的直接感官觉知构成。近年来它借由析取主义获得复兴，其面临的形而上学问题有二：一是知觉错误带来的挑战；二是认知科学带来的挑战。前者是传统的形而上学问题，主要是“来自幻觉的论证”与“来自错觉的论证”，通过幻觉、错觉情形存在的问题进而对真实知觉情形提出质疑。后者则是近年的新发展，经验科学研究揭示了脑神经网络在视觉等知觉经验过程中如何运作，同时越来越多的证据表明，在亚人格层面大脑和外部世界之间存在某种因果屏蔽，近端原因会屏蔽远端原因的因果效力。对上述两个问题表征论至少提供了看上去合理的回应。对前者而言，幻觉、错觉与真实知觉共享了相同的知觉表征，这解释了主观感受的一致性，同时只有真实知觉中的知觉表征为真，这解释了它们之间的差异。

对后者而言，表征论者则尝试将表征概念与亚人格层面的神经表征进行对接。尽管表征论自身也存在问题，但相对而言，朴素实在论面临的挑战更大，因为无论是解释知觉错误，还是与经验科学研究相容，“亲知”概念似乎都显得力不从心。于前者而言，知觉错误情形中显然没有“亲知”，如此朴素实在论对知觉错误将作何解释；于后者而言，若果真存在所谓的因果屏蔽，那么朴素实在论坚持的“亲知”当如何实现。

不仅是形而上学层面，朴素实在论给出的知觉经验图景还面临知识论层面的挑战。既然亲知是知觉经验的本质，那么我们自然是通过这种亲知关系来获得关于外部世界的知识，好情形中我们拥有这种亲知关系，而坏情形中没有；相应的好情形中拥有知识，而坏情形中没有。它可以衍推出一种知识论析取主义，主张感知者在好情形和坏情形中获得的认知支持是不一样的。该理论作为一种知识论理论，自然也需要接受怀疑论的检验，而最大的问题在于它似乎无法很好地说明好情形中何以感知者能够获得不同于坏情形中的事实性认知支持。

在笔者看来，当下各版本的朴素实在论—析取主义都未能很好地回应上述问题，原因在于它们都未能清理出一个适合朴素实在论发挥其优势的讨论环境。换言之，它们未能意识到是传统讨论对知觉经验自身的理解出了问题。在传统的知觉经验图景中，我们的知觉经验只是对外部世界对象和属性的被动接受，只是在受到外界刺激后被动产生的某种心灵状态，其背后是笛卡尔式心灵—世界二分的本体论图景。在这种图景下，朴素实在论根本无法施展拳脚，因为在被动的知觉经验中，单纯的亲知关系显然不比表征更具解释力，甚至前者更容易让人产生一种感知者只能顺应外部环境的错觉。朴素实在论的核心洞见在于我们能够借助知觉经验直达外部世界，将世界纳入视野之中，但这种“直达”与“纳入”只有在更加积极的经验图景中才有意义。

因此，问题的关键在于打破这种被动的知觉图景。本书采用的策略是引入行动概念，通过重解知觉经验与知觉知识，实现心灵与世界的真正贯通，进而释放朴素实在论与知识论析取主义的理论活力。这种策略的核心直觉在于知觉不是对外部世界刺激的被动接受，而是感知者主动做出的知觉行动。其具体实现则依赖于我们要拒斥一种对知觉、行动与知识的合取式分析，提倡一种对知觉、行动与知识的析取式分析。作为三种不同的联系心灵与世界的方式，我们要重新意识到三者都是基于能动者而非割裂的心灵或世界而展开的活动，因此对三者的常识性理解具有独特的意义。

上述简述只能是浮光掠影，更细致的论证阐述自然有待正文。笔者这里预先对本书的章节安排作一简要说明。第一、第二章是全书的准备部分；第三、第四章是全书的核心理论建构部分；第五章是反思总结，收束全书。

第一章是基本概念的梳理与澄清，同时尝试从方法论层面总结出四条评价一个知觉理论好坏的标准。这四条标准表明了笔者对知觉理论的一般理解，它们同时也是后文构建理论并评价其优劣的准绳。

第二章是争论与问题的梳理与重构。前两节着力于梳理知觉哲学研究的问题发展脉络，以及阐明当下朴素实在论—析取主义的核心主张。第三节着力于对朴素实在论面临的形而上学难题进行梳理，具体表现为将“来自幻觉的论证”与“来自错觉的论证”重构为四个反驳论证。第四节着力于对知识论析取主义面临的知识论难题进行梳理，具体表现为两个基于不同原则构建的彻底怀疑论论证。

第三章是全书的第一个核心章节，致力于构建基于行动的朴素实在论，以回应相应的形而上学挑战。该章的核心在于第二节对知觉—行动关系的探讨，笔者通过细致的讨论尝试论证知觉本质上应当是一种具身的有意行动，这是全书的核心主张。随后笔者基于这一主张构建了基于行动的朴素实在论，并尝试对第二章第三节的四个反驳论证做出回应。

第四章是全书的第二个核心章节，致力于构建基于行动的知识论析取主义，以回应相应的知识论挑战。该章的核心同样在于第二节对知识—行动关系的探讨，基于第三章的结论，笔者试图论证知觉知识本质上是感知者通过适切地完成相应的知觉行动而获得的认知成就，知觉知识是关于自身行动的实践知识与关于外部世界事实的思辨知识的有机结合。基于这一主张，笔者随后构建了基于行动的知识论析取主义，并尝试对第二章第四节的两个彻底怀疑论论证做出回应。

第五章收束全书并进行反思总结。第一节笔者通过三条线索将全书关于知觉、行动与知识的讨论串联起来，形成一个行动优先的统一解释。这三条线索体现了笔者在构建理论背后对知觉、行动与知识的真实思考。第二节考察了本书理论的可拓展性，主要集中于知识价值问题，展现了上述统一解释可能带来的不同于既有德性知识论方案的新回应。第三节笔者尝试提出两个可能存在的针对本书核心论证的反驳，并于第四节予以回应，从而进一步完善了全书关于知觉经验与知觉知识的讨论。

引言的最后笔者希望说明本书的行文风格。本书整体上依照当下分析哲学的惯例进行写作，重视清晰的概念定义、严谨的论证推理。但同时笔者的行文中也存在大量的文本细读，通过对重要文献（尤其以安斯康姆的《意图》一书为代表）给出独特的解读来论证和支持自己的观点，这让本书在某些部分看上去又不那么“分析”。对此，笔者的看法是文无定法、水无常形，一切都应以是否清楚明白地阐明和解决问题为最终评判标准，至于是“分析”还是“欧陆”，笔者反而不甚措意。本书对某些文本做出了不同于主流意见的解读，笔者无意于争辩自己的解读是正确解读，而仅在意相应的解读是否推进了相关问题的澄清与解决。

第一章

知觉经验的基本概念与知觉理论的评价标准

知觉经验的一般结构是什么？有哪些一般要素？不同要素间的关系可能是怎样的？知觉经验有哪些类型？分别如何定义？知觉经验具有哪些特征？不同特征之间的关系是怎样的？知觉经验具有哪些特性？这些特性背后蕴含的哲学问题是什么？该如何看待关于知觉的经验科学研究？其与哲学讨论的关系是怎样的？

本章致力于对这些基本问题作一些说明，厘清概念，廓清问题，以便后文进行更清晰的讨论。需要说明的是第一章的讨论具有相对的普遍性，许多讨论和定义甚至更像是基于常识而非哲学的考量而做出的，这样做的目的有二：一是为了保证无论哲学研究者关于知觉经验和知觉知识的具体哲学立场是什么，他们都至少能够有限度地接受本章所做出的一些定义和区分（即便他们必然会根据自己特定的理论诉求而对知觉经验相应的特性有所偏重），从而保证整个讨论能在一个相对一致的最小共识上进行（在哲学讨论中寻求最小共识或许是徒劳无望的，但没有最小共识的讨论也往往难有收获）；二是笔者希望在进入更严肃的哲学“理论”之前，保留和展示一些关于知觉的前哲学直觉（pre-philosophical intuition），这些直觉并非全都值得为之辩护，但同时它们或许揭示了一些更符合“常理”的洞见，因而应当加以说明。在随后的章节中，本章涉及的概念和问题则会在特定的哲学争论中得到更加明确的定义和辨析。

除去上述基本概念和问题的澄清，本章还将做出方法论层面的说明。笔者希望通过四个小节的讨论从方法论层面总结出四条评判一个知觉理论是否合格（乃至是否优秀）的标准，这些标准当然既非充分亦非必要，但它们展现了笔者对知觉理论的一般性理解与看法。这四条标准也将在后文中成为对各知觉理论（包括本书提出的理论）进行考察和评价的准绳。

第一节　真实知觉、幻觉与错觉

我们在哲学领域中讨论知觉经验（perceptual experience），通常是考察真实知觉（veridical perception）、幻觉（hallucination）与错觉（illusion）这三种类型的知觉经验①。本书在最宽泛意义上使用“知觉经验”一词，它泛指本书中加以考察的所有与知觉相关的经验现象。笔者对该词的使用不预设任何特定的本体论与知识论承诺，全书涉及形而上学、知识论以及认知科学等不同领域对知觉经验的交叉讨论，不同语境中对该词的使用可能会有细微的差别，笔者将在特定的语境中分别做出相应的说明。

本节主要考察两个问题，一是知觉经验的一般结构，即知觉经验的主体（subject）与对象（object）分别可能是什么，以及主体和对象的关系可能是怎样的；二是对真实知觉、幻觉与错觉给出一般性的定义，特别强调区分“哲学讨论中的定义”和“日常讨论中的定义”（或者科学研究中的定义），并说明混淆这两种定义可能带来

① 这里是非常宽松地将真实知觉、幻觉与错觉统归为知觉经验。严格来说，真实知觉是知觉经验的正面典型（paradigm），而幻觉与错觉则被归为知觉错误（perceptual error），三者是否能够从根本上被归为同一基本类是一个重要的争论点，即共同类假设（Common Kind Assumption）是否成立。第二章将详细讨论。

的问题。最后，笔者希望综合上述讨论得出评判知觉理论是否合格的第一条标准，即一个好的知觉理论应当能够同时对真实知觉、幻觉与错觉都给出合理的哲学解释。

一　知觉经验的一般结构

当我们说“一个感知者 S 知觉到对象 O”，我们就自然地得出了一个知觉经验的一般结构，即它通常包括一个感知者，一个被感知对象，以及两者之间存在的某种特定关系（这里的“关系”是在最普遍意义上使用，而非特指关系论者对“关系”的技术性使用，详见第二章的讨论）。围绕这三个构件分别是什么往往就能定义出不同的知觉理论，这里笔者只尝试做一些一般意义上的讨论。

通常而言，一个感知者是一个有意识的生物个体，具备相应的知觉官能和知觉能力，典型代表就是我们自身——作为生物个体的人，同时也包括多数动物①。特别地，如果我们不仅仅是考察知觉经验，而是将知觉知识也纳入考量，那么一个能够通过知觉经验获得相应的关于外部世界的知觉知识的感知者则往往被定义为一个有意识的理性存在者（rational being），他除了具备相应的知觉官能和知觉能力，还具备相应的概念能力②。普遍意义上的感知者可以包括动物以及刚出生的婴儿等被认为缺少概念能力的主体，而特殊意义上的感知者则往往特指具有健全的知觉官能、完善的知觉能力和完备的概念能力的人。值得注意的是，笔者这里无论是普遍意义还是特殊意义上的定义，都强调了是有意识的（conscious）感知者，但这

① 生物个体通常包括植物，且植物也具有对外界刺激做出应激反应的能力，甚至也能为了自身生存而主动探索周围环境，但其是否具有知觉能力是一个有争议的话题。鉴于通常我们不认为植物具有自主意识，所以本书不把植物纳入讨论，而主要关注人和动物。

② “理性存在者”与“具备概念能力的个体”可能外延并不相同，笔者这里的定义显然是受到概念论—非概念论之争（参考麦克道尔与埃文斯、德雷福斯的争论）的影响。尽管笔者对概念能力的具体理解可能不同于麦克道尔，但笔者同麦克道尔一样将概念能力的运作视为理性的标志。参考 McDowell（1996）。

并不意味着所有的知觉经验都是有意识的，有意识的感知者可能拥有无意识的知觉经验（unconscious perceptual experience）①。笔者这里对感知者具有意识能力的强调是为了排除类似于僵尸之类的主体，一个合格的感知者至少能够对有意识的知觉经验具有某种最低限度的控制（control）②。

被感知对象在日常语境中通常是指外部世界中的对象及其相关的属性。这些对象通常是指占据一定物理空间的物理实体，例如眼前的桌子和椅子；相应的属性也是其物理属性，例如桌子的形状、大小等。③ 一般而言，在一个知觉经验中，对象和属性不会被分开，而是作为一个整体被感知，单独地知觉到一个无属性的对象或者单独地知觉到一种不依附于对象的属性都是比较怪异的说法，因此，有人会主张被感知对象是外部世界中的事实（fact），即“X's being *p*”④。值得注意的是，以上都是在日常语境中对被感知对象的讨论，而在哲学语境中则会存在较大的争论。争论的核心在于被感知对象究竟是存在于外部世界中的独立于心灵（mind-independent）的对象及其属性，还是存在于心灵之中或依赖于心灵（mind-dependent）的观念（idea）或感觉予料（sense data）。产生这种争论的原因在于自笛卡尔以来长久存在的心灵与世界二分的本体论图景，哲学工作者对外部世界中的对象及其属性是否存在持有异议，以及对感知者与被感知对象之间的关系存在不同的理解。笔者将在后文对这些哲学争论进行更深入的考

---

① 关于“无意识的知觉经验”可参考 Armstrong（1961：123－124）。

② 这里对意识（consciousness）的讨论可参考 Carruthers（2015：46－53）。

③ 属性（尤其是颜色）究竟是属于外部世界的客观存在还是感知者的主观投射，在哲学语境中是存在争议的，本书讨论的是日常语境中的理解，因此直接将物体属性归为其自身的客观属性。

④ 这里对“事实”的使用并不是维特根斯坦意义上的使用。在费希（William Fish）看来，当维特根斯坦说“世界是事实而非物的总和”（《逻辑哲学论》，韩林合译，第1.1节），他是做出了一个本体论意义上的区分。（Fish，2009：53）而这里的“事实”并不做出任何形而上学承诺，仅是说在知觉经验中我们知觉到的是“对象—属性”联合体而非单独的属性或实体。

察，这里则想强调在日常语境中谈论知觉时，我们自然地预设了外部世界的存在，这似乎为实在论提供了某种前哲学的支持。

感知者与被感知对象之间的关系是问题的核心。在日常语境中，这似乎不成问题，我们正常地谈论自身作为感知者通过不同的感官感知外部世界。[①] 而在哲学语境中，在给定外部世界中的对象和属性独立于心灵而存在的基础上，哲学工作者会争论我们究竟是直接（direct）还是间接（indirect）地知觉到外部世界中的对象与属性。关于直接与间接的区分方式，日常讨论的标准在于是否借助于媒介，对此我们的直觉在不同的知觉模态之间是不同的。我们可能会认为触觉是最直接的感知，例如我们的手与桌子有直接的物理接触；而远距离的需要借助工具的视觉体验则可能是间接的，例如我们通过天文望远镜观察到某个星体的运动。哲学讨论中的直接和间接的区分部分承继了日常讨论中的直觉，所谓的直接即指不借助媒介，只是这里的“是否借助媒介”被理解为对外部世界的知觉是否需要借助一种心灵媒介（mental media）或代理（proxy），例如上文所述存在于心灵中的观念或感觉予料。这个问题的产生当然可以再次归咎于心灵—世界二分的笛卡尔式图景，一个形象的比喻是这一图景在心灵与世界之间落下了一道知觉之幕（the veil of perception），如何拉开这道帷幕抑或否证这道帷幕的存在便成为知觉哲学争论的核心问题之一。

感知者、被感知对象以及两者之间的关系构成了一个知觉经验的一般结构。值得注意的是，在哲学讨论中，这些要素并不必然出现或者并不必然以真实的方式出现。当某些要素不存在或者以非真实的方式出现时，我们就经历了知觉错误，即幻觉或错觉，而这些特殊情形也是关于知觉经验研究的重点。

---

① 通常我们讨论的感官有视觉、听觉、嗅觉、味觉、触觉这五种感官，本体感（proprioception）是否列入尚存争议，但有学者认为本体感对讨论身心关系问题具有重要意义（参考唐浩，2017）。本书遵循知觉哲学讨论中的惯例，在不特殊说明的情形中，均以视觉作为知觉的代表模态。

二　哲学定义与日常定义

在考察完知觉经验的一般结构后，我们应当对哲学讨论中常见的三种知觉经验类型，即真实知觉、幻觉与错觉，做出更具体的说明。

在哲学讨论中，对真实知觉、幻觉和错觉的一般定义如下：

（1）真实知觉（veridical perception）[①]，通常是指一个具有健全知觉官能、完善知觉能力和完备知觉概念的感知者在正常情形中对外部世界中的对象及其属性的感知，相应的被感知对象真实地存在于感知者的周遭环境中，即"If S *veridically* perceives X's being *p*，then X is *p*"。

（2）幻觉（hallucination），通常是指感知者如同真实知觉一样感知到外部世界中的对象及属性，但事实上外部世界中并不存在相应的知觉对象，即"If S has a *hallucination* of X's being *p*，then there is no X"。

（3）错觉（illusion），通常是指感知者感知到外部世界中的对象具有某种属性，而事实上该对象并不具有相应的属性，即"If S has an *illusion* of X's being *p*，then actually X is *f*"。

一般而言，真实知觉被认为是知觉经验的正面典范，而幻觉和错觉则都被归为知觉错误。幻觉和错觉的不同之处在于对应的外部世界中两者出错的方式不同：幻觉是被感知对象根本不存在，而错觉是被感知对象的属性与感知者知觉到的属性不匹配。

值得注意的是，上述定义是哲学的定义，这意味着一定程度上我们并不关心这些幻觉、错觉情形在日常生活中是否真的发生，这里给出的只是哲学讨论中高度抽象和概念化的幻觉和错觉定义。日常生活中，幻觉或错觉指的是特定情形下感知者的失败的知觉经验，其发生都存在某种现实的原因，例如幻觉的产生可能是因为感知者

---

① "veridical"狭义的使用可以是指某种内在状态与外部世界匹配，在这种理解之下可能会存在 veridical hallucination（Lewis，1980），但这里的使用则是广义的使用，指一个成功的知觉经验，参考 Fish（2010：10）。

服用了某种致幻药物，错觉的产生可能是感知者周遭的光线环境存在误导性。这意味着我们往往可以诉诸科学研究对相关现象给出一个合理的因果解释，例如致幻药物破坏了感知者的神经系统，使得在没有相应外部刺激的情形中产生了与真实知觉情形相同的神经反应；插入水中的铅笔因为光线在水和空气中的折射率不同，从而产生了弯折的错觉。注意，这里笔者刻意忽略了常识解释与科学解释的差异，日常情境中我们未必会对每一个知觉错误情境都穷根究底，多数情况下我们都满足于一个常识意义上的解释，例如视觉残影现象在日常语境中我们可能直接就说“我眼花了”。这里之所以将常识解释与科学解释归在一起，是因为在笔者看来，常识解释与科学解释只应有程度差异，不应有质的差异。

但哲学讨论中的幻觉和错觉情形可能没有确定的可解释的发生原因，它可以是纯粹的思想实验中的构造，例如有名的“缸中之脑”（Brain In Vat）①，邪恶的科学家将人的大脑完整地切除，放进培养液中，再将其与一台超级计算机连接，通过计算机控制一切输入信号，从而保证培养液中的大脑拥有同真实知觉情形完全相同的神经刺激。在此思想实验的构造中，如何解释现象的发生或者追问其是否可能发生都毫无意义，因为它就是这样被设定的。因此，正如罗宾逊所言，这是“哲学家的幻觉”（Philosopher's Hallucination）（H. Robinson，1994；2013）。两种语境中对幻觉、错觉的理解差异表明，我们在哲学讨论中寻求的关于幻觉和错觉的解释不是日常讨论中的科学解释，而是一种哲学解释，主要目标不在于给出幻觉或错觉的发生学意义上的科学因果解释，而在于解释清楚何以幻觉或错觉可以具有哲学定义中的相应特性或特征。②

综合第一节的讨论，我们会发现在对真实知觉、幻觉和错觉给

---

① 这一思想实验最早由普特南（Hilary Putnam）提出，参考 Putnam（1981）。

② 但这并不意味着对幻觉、错觉乃至真实知觉的考察可以脱离常识与科学，对知觉经验的经验科学研究无疑型塑和规范着我们的哲学思考，笔者将在本章第四节说明好的知觉理论与经验科学研究的关系问题。

出合理解释时是存在张力的，对真实知觉的哲学解释可能未必适配相应的幻觉或者错觉，如何尽可能地给出一个关于知觉经验的统一解释就成了哲学工作者的目标。

就此我们可以得到关于知觉理论的第一条评价标准：一个好的知觉理论应当能够同时对真实知觉、幻觉与错觉给出合理的哲学解释。

第二节　知觉经验的现象特征与认知特征

在完成对知觉经验一般结构的考察后，我们转而考察知觉经验的特征（character）。对一个知觉经验进行解释即对它所具有的相应特征做出合理的解释，这里的特征是指知觉经验自身所具有的构成性属性（constitutive properties），且这里的讨论以知觉经验的最完满形态——作为理性存在者的人类的真实知觉——为范例展开。①

本节将依次考察知觉经验的两个特征：一是现象特征（phenomenal character），即我们在经历知觉经验时我们会对经验是什么样的有一个主观的把握（*what it is like* to have that experience）②，继而通

① 这里笔者将“作为理性存在者的人类的真实知觉”作为“知觉经验的最完满形态”，可能会带来一些非议，例如这是否是一种人类沙文主义，进而可能会有人质疑基于这种范例得出的知觉经验的特征（现象特征和认知特征）是否具有应有的普遍性。这种担心不无道理，例如我们通常认为动物也有知觉经验，但是动物的知觉经验可能未必具有突出的认知特征。笔者这里选用人类的真实知觉作为讨论知觉经验特征的基础，是出于概念层面完备性和规范性的考量。在笔者看来现象特征和认知特征是一个正常的人类知觉经验应有的两个特征，至于动物知觉、幻觉和错觉等特殊情形则应作为特例具体问题具体分析。

② *what it is like* 的表述最早来自托马斯·内格尔（Nagel，1974），对 phenomenal character 的定义，费希转引自 Chalmers（2006：50），本书则转引自费希。英文文献中另有类似的术语，例如 qualitative character（Shoemaker，1994：22），subjective character（Metzinger，1995：9），参考 Fish（2009：7，Note 5）。本书不对这些单纯术语上的差异做过多的讨论，选择沿用得到最普遍使用的 phenomenal character。

过与相近概念的辨析来说明这一概念的内涵；二是认知特征（epistemic character），即我们的知觉经验是我们获取关于自身所处世界的知识的基础来源（perception is the *primary source of our knowledge of the world* in which we live）[①]，笔者将区分对知觉经验认知特征两种强弱不同的理解，并通过与知识和信念的对比进一步说明两种理解的差异。特别地，笔者将初步考察真实知觉、幻觉与错觉在这两个特征上可能存在的异同。最后，笔者将综合上述讨论得到评价知觉理论的第二条标准，即一个好的知觉理论应当能够同时合理地解释知觉经验的现象特征与认知特征。

一 现象特征

日常生活中，我们看到一个红苹果会有眼前看到一些红色色块的感觉，看到墙上挂着的圆形时钟会有看到一个圆形物体的感觉……在知觉经验中，以视觉经验为例，在知觉到外部世界中的对象时，我们会产生相应的关于颜色、形状等属性的现象感受，即所谓的感受质（qualia）。[②] 感受质是知觉经验的构件（constitutive parts），而知觉经验的现象特征也正是以感受质作为基础，因此是知觉经验的构成性属性。现象特征自身具有两个特点：一是现象特征对感知者而言必然是内省可通达的（introspective accessible），处于经验之中的感知者能够意识到（be aware of）自己的经验是什么样的[③]，例如经验到

① 参考 Fish（2010：2）。严格来说，费希认为知识论是知觉研究的一个重要考量因素，而笔者将其总结为知觉经验的认知特征，突出知觉经验在知觉知识的形成和辩护中所起的作用。

② 参考 Tye，Michael（2018）。

③ 有学者认为这里感知者通过内省意识到自身经验意味着对自己的经验持有一种高阶视角（higher order perspective），参考 Fish（2010：10，Note 11）。在笔者看来，这种观点将问题变得过于复杂，这种内省可以是自然发生的，经验包含觉知（awareness）并不意味着必然存在一个将自身经验或经验内容作为对象的心理行为（mental act），因此，笔者并不认同存在所谓的高阶视角。这也与后文讨论知觉经验的认知特征形成呼应，既然经验层面的觉知是一阶现象，相应的对知觉经验的认知层面的考量也就不必然包含二阶信念，参考 McDowell（2002a，2011a）。

的是一个红色的物体；二是现象特征通常被认为是非表征的（non-representational），一个最直观的理由是我们的现象感受是异常丰富而细致的，例如在某些特定场景中我们能够细腻地感受到两种颜色的细微差异，而表征受限于概念框架无法做到如此细致。[①]

这里笔者通过两个与相近表述的辨析进一步加深对知觉经验现象特征的理解。

一是区分知觉的现象（*phenomenology* of perception）和知觉经验的现象特征（*phenomenal character* of perceptual experience）。前者是指感知者在知觉经验中有意识地感受到的各种现象感受（*phenomena* consciously encountered in perception）；后者则是知觉经验是怎样的，是知觉经验自身的属性（a property of experience）。知觉的现象偏重的是知觉中的感官经验部分，即通常所说的单纯的感觉（mere sensation），不同于知觉（perception）之处在于单纯的感觉不具有意向性，一般也不涉及概念能力的运作。知觉经验的现象特征很接近前者，因为感受质与知觉的现象几乎无有不同或至少是其对应存在物（具体关系是什么取决于如何理解感受质）。细微的差别在于作为知觉经验自身的属性，在具体使用时会有一定的理论限制。例如在朴素实在论与表征论的争论中，朴素实在论者认为知觉现象是通过外部世界中的对象的直接呈现来进行解释，而非通过知觉经验的某种属性加以解释，因此传统的作为知觉经验自身属性的"现象特征"就显得不那么合适；而表征论者认为知觉现象就是通过知觉经验的感受质以及表征属性等自身属性得到解释，因此尽管他们对"现象特征"的解释可能有别于朴素实在论，但这个用词本身就很合适（Genone，2016：13）。笔者认为这不过是语词之争，因此本书仍在最普遍意义上使用知觉经验的

① 这里对表征的理解是一种概念论式的解读，而概念论的代表人物麦克道尔并不认为知觉经验的丰富性可以构成对知觉内容概念化的反驳，他提出用指示词表达（demonstrative expression）来回应丰富性带来的挑战，参考 McDowell（1996：56－57）。笔者在这里只是介绍了对现象特征的一般性理解。

现象特征。

二是区分知觉经验中的呈现特征（*presentational character in perceptual experience*）和知觉经验的现象特征。知觉经验中的呈现特征是指知觉经验中呈现给感知者的一组属性（甚至是外部世界中的对象），这些属性和对象继而描绘了拥有该知觉经验是怎样的一种体验（Fish，2009：16）。不同于知觉经验的现象特征，知觉经验中的呈现特征不需要是知觉经验自身的属性（不是"*of* the experience"），而是经验之中呈现给感知者的一组东西，强调的是这种呈现关系，它既可以是知觉经验自身的属性，也可以是外在世界中的对象和属性，甚至可以是外在世界和感知者中间的某种中介的属性（Fish，2009：12）。费希人为设置这一区分是为了便于构建朴素实在论与表征论的争论［两种理论通过不同的方式将现象特征与呈现特征相联系，朴素实在论借助于"亲知"，而表征论借助于"表征"，参考 Fish（2009：14－15），笔者在第二章会回到这一问题］。而笔者这里强调这一区分的目的是进一步说明现象特征是知觉经验自身的属性，是感知者的主观经验感受。

二　认知特征

日常生活中，我们的知觉经验不仅仅停留在对知觉对象的颜色、形状等基本属性的经验上，我们还会直接说"我看到一个红苹果"或"我看到一个圆形挂钟"。这里的"苹果"和"挂钟"是外部世界中的独立个体，我们可以直接感知外部世界中的个体，形成关于外部世界中的事实的知识，而知觉经验本身就是这种知觉知识的重要来源。

知觉经验的认知特征可以做强弱不同的两种理解：一是强理解，以视觉为例，即看到 p 是知道 p 的一种特殊方式（seeing that p as *a particular way of* knowing that p）；二是弱理解，仍以视觉为例，即"看到 p 为知道 p 提供认知支持"（seeing that p provides *epistemic support* for knowing that p）。需要说明的是，"看到 p"这个表述本身就是对知觉经验的一个认知解读，*p* 是一个命题，是对知觉经验内容的命题化描述。这里的强弱是依据看到 *p* 与知道 *p* 之间的关系来进行划分的。强理解中，知觉经验本身被赋予了很强的认知色彩，知觉被视作知道的一种特殊方式，看到 *p* 蕴含知道 *p*。[①] 而弱理解中，知觉经验虽然仍有较强的认知色彩，但是不同于强理解，看到 *p* 并不蕴含知道 *p*，看到 *p* 的认知功能体现在为我们关于外部世界的知识提供相应的认知支持。知觉经验的认知特征甚至可以有一个最弱的理解，即知觉经验为我们提供了关于外部世界的信息（information），在这种理解中，动物知觉也是具有认知特征的。[②]

这里笔者尝试通过“相信”“知道”与“看到”三者间的比较来进一步探讨知觉经验认知特征的强弱理解。通常而言，信念和知识的基本结构都是命题态度（propositional attitude）加上命题内容（propositional content）。如果将知觉经验的内容以命题化的方式表达出来，那么知觉经验的内容与知识和信念的内容相差无几，都是对外部世界客观情境的描述。[③] 问题的关键在于作为命题态度

---

① 严格来讲，“看到 *p* 蕴含知道 *p*”（通常被称为 The Entail View）不同于“看到 *p* 是知道 *p* 的一种特殊形式”，前者逻辑上弱于后者。参考 Pritchard（2012：55，Note 15）；Cassam（2007：339 - 340）。

② 这种最弱的理解基于常识，这里的信息是一个非常日常的概念，狼通过视觉和气味分辨出猎物的方位，是从环境中获得了某种信息；人类通过知觉经验获得关于外部世界的知识，本质上也是一种信息获取。与前述两种强弱表述的核心不同，这里的信息不必然以命题化的形式展现，甚至本身都未必基于语言框架存在。也正因如此，它为容纳动物知觉提供了空间，这部分回应了本章第二节注释 1 的质疑。这种最弱的理解某种意义上适用于认知科学语境中对知觉的认知功能的讨论，参考本章第四节。

③ 当然这并不意味着知觉经验的内容必须是命题化的，麦克道尔早期的概念论主张经验内容是命题化的（McDowell，1996），但后期他不再坚持经验内容需要是命题化的（McDowell，2009b）。笔者这里只是为了比较的便捷而主张可以命题化表述。当然，在一种对“经验内容”的宽泛理解中，它也可以包括现象内容（phenomenal content），而信念这类心理活动是否具有现象特征则是一个有争议的话题，参考 G. Strawson（1994），Langsam（1997）。笔者在这里关注的是作为命题态度的相信、知道和作为经验态度的看到之间有何差异，所以不过多讨论“经验内容”，对内容的考察放在本章第三节。

的相信 p、知道 p 和作为经验态度的看到 p 是否存在实质性的不同。广义的相信是一种非常普遍的心理活动，有些甚至并不具备认知意味，例如“我相信张三的人品”，这里表达的是我对张三的一种信任，并非一定基于认知上的理性考量。知识论学者关心的是狭义的具有认知意味的相信，即基于某种适切的理由相信某命题为真，所得到的是适切知识的信念（knowledge-apt belief）。[①] 当这种适切知识的信念满足相应的为真条件，我们就获得了知识，此即传统的关于知识的定义。[②] 知识不同于信念的核心区别在于知识具有事实性（factive），即知道 p 蕴含是 p（knowing that p entails p）；而信念（即便是适切知识的信念）并不具有事实性，相信 p 并不蕴含是 p。这反映了知识相较于信念对外部世界中的事实具有更高的确定性。

有趣之处在于，多数哲学家认为看到 p 同样具有事实性，即看到 p 蕴含是 p（seeing that p entails p）。这似乎佐证或增强了对知觉经验认知特征的强理解，看到 p 满足了为真的条件，同时知觉经验自身能够为相应的知觉信念提供直接辩护，那么看到 p 自然就蕴含知道 p。然而也有人认为，看到 p 只是意味着拥有一个关于外部世界的印象（impression），这种印象只是一个接受关于客观世界的命题的邀请（invitation）或请求（petition）。这里的关隘在于尽管看到 p 和知道 p 都具有事实性，但是看到 p 并不意味着感知者接受（accept）命题 p 为真，知觉本身并不包含任何接受或认可（endorsement）这类态度，其自身只是邀请我们去采取这样的态度，在最好

---

① 参考 Pritchard（2016：90）. 普里查德提出这一概念的核心在于强调知识适切的相信本质上是一种求真活动，因此不存在一方面某人相信 p，同时又有充足的理由相信 p 为假。

② 即知识是得到辩护的真信念，在盖梯尔对这一定义提出质疑之后（Gettier，1963），当代知识论的主流是在尝试补全和完善这一定义。但在笔者看来，无论是何种补全，都未能跳出原有的条件分析的框架，直到威廉姆斯提出“知识优先”的主张，才真正推动了这一进程，参考 Williamson（2000）。

的情形中，这体现为外部世界中的事实将其自身向我们呈现。[①] 因此，看到 *p* 并不蕴含知道 *p*，而至多只是让我们准备好知道 *p*（*being in a position* to know that *p*），看到 *p* 只是为知道 *p* 提供了认知支持，即所谓的弱理解。笔者并不准备在这里对强弱理解做出评判和选择，而更想强调这个区分本身的意义，即我们认为知觉经验在多强的意义上拥有认知色彩，其实体现了我们愿意在多大程度上接受理性主义传统对知觉经验研究的影响，强理解中的知觉经验更接近知识，而弱理解中的知觉经验则保留了更多的经验色彩。笔者在第四章将从回应彻底怀疑论的视角重新回到对知觉经验的认知特征的考察。

另一个有趣的问题是，所有三种类型的知觉经验（真实知觉、幻觉与错觉）都拥有这两种特征吗？上述对两种特征的诠释是以真实知觉为范例进行的讨论，但幻觉和错觉（基于第一节的定义）是否全部拥有或者部分拥有这两种特征，尚争议颇多。就现象特征而言，直观上幻觉与错觉似乎当然拥有现象特征，因为我们在幻觉和错觉中仍然会有关于自身当下经验现象的主观感受。[②] 就认知特征而言，直观上幻觉与错觉则似乎完全落败，无论基于何种理解，显然幻觉和错觉都无法帮助我们获得关于外部世界的知识。这种直观上

---

① 参考 McDowell（2002b：277 – 279）。对于这种接受和认可在塞拉斯（Wilfrid Sellars）、布兰顿（Robert Brandom）那里也有讨论，只是观点略不相同。塞拉斯在《经验主义与心灵哲学》第 16 节首次做出“看到 *p*”（see that *p*）与“看上去是 *p*”（looks like *p*）的区分，他在做出这一区分时运用了一个核心的概念“认可”（endorse）：“……说某一经验是看到某物是这样不只是描述该经验。可以说，这是将其描述为做出一个断言，而且——这是我想强调的——认可那一断言。”可以看出塞拉斯认为看到 *p* 包括认可 *p*。布兰顿接受塞拉斯的说法，并认为认可 *p* 体现了塞拉斯将经验纳入理由空间的核心想法，参考布兰顿为《经验主义与心灵哲学》所写的“学习指南”。译文参考威尔弗里德·塞拉斯 2017。

② 但并非所有人都持有这种观点，朴素实在论的支持者马丁（M. G. F. Martin）和费希就认为幻觉不具有现象特征，或者说不能拥有现象特征，参见 Martin（1998，2002，2004，2006）；Fish（2009）。对幻觉究竟是否具有现象特征以及对马丁和费希观点的批判，本书第三章第一节会进行详细讨论。

幻觉、错觉在现象特征和认知特征上的表现差异本身就是有趣的，它引出两个问题：一是究竟何种原因造成了这种差异，这涉及对真实知觉、幻觉和错觉的进一步讨论；二是这种差异本身是否反过来对我们理解知觉经验的现象特征和认知特征有所助益，这在后文对现象—幻觉论证和彻底怀疑论的讨论中会更清晰地展现。

可以看出，知觉经验的现象特征和认知特征是从不同角度对知觉经验进行刻画。现象特征关注知觉经验的有意识的现象感受，反映的是感知者作为生物个体可能拥有的一系列主观感受；而认知特征关注知觉经验的认知功能角色，反映的是感知者作为理性存在者利用知觉经验获取关于外部世界的知识的活动。在笔者看来，这两个特征都是知觉经验的基本特征，我们对知觉经验的形而上学理解应该兼顾这两种特征。

综合第二节的讨论，我们可以得到关于知觉理论的第二条评价标准：一个好的知觉理论应当能够同时给知觉经验的现象特征和认知特征以合理的解释。

第三节　知觉经验的三个特性

在完成对知觉经验一般结构和两个特征的考察后，我们转向讨论知觉经验的特性。① 在哲学讨论乃至更一般的常识语境中，我们对知觉经验持有一些直观理解，即认为知觉经验应当拥有某些特性。一方面，这些对知觉经验的直观刻画可能未必准确，不同特性之间甚至还存在冲突；但另一方面，这些特性因为相当程度上契合了我

① 本书在特性（characteristic）与特征（character）之间做出了区分：第二节讨论的两个特征是知觉经验自身实际具有的构成性属性，其自身是被解释项；而本节讨论的三个特性是我们对知觉经验的一般性理解，尽管这种理解的内涵还存在诸多分歧，每一种特性下的细分问题都尚处争论之中，但三种特性本身构成了对知觉经验的一般性理解。在某种意义上，知觉经验的特性可以构成对知觉经验的特征的解释。

们的前哲学直觉而显得异常强大。因此，无论它们是否应当被接受，似乎我们都应对它们进行细致的考察。

本节将主要考察直观上我们认为知觉经验拥有的三个特性：一是开放性，即直观上在知觉经验中外部世界向我们敞开（openness to the world）；二是意向性，即直观上通过知觉经验我们可以获知外部世界是如此这般的（the world is *thus and so*）；三是可错性，即直观上我们关于外部世界的知觉经验是可能出错的。本节将先从日常语境考察这三种特性，再尝试分析三种特性背后蕴含的哲学问题，并且探讨三种特性间可能存在的张力。最后，笔者将尝试就此得出评判知觉理论是否合格的第三条标准，即一个好的知觉理论应当能够融洽地包容知觉经验的三种特性。

一　开放性

在日常讨论中，当我们谈论自己看到眼前有一台电脑或者听到一段对话，我们最基本的一个直觉是作为一个感知主体，我们通过这样或那样的感官能力与外在于自身的世界产生了某种接触（a *contact* with the external world），从而外部世界中的某些对象及其属性被展现给我们。在日常语境中，我们不会去考虑外部世界是否真实存在（不会有彻底怀疑论的困扰），不会去思考这种接触是直接的还是间接的（直接实在论和间接实在论的争论也暂时不会有），我们确定这种接触能使得外在于我们自身的世界呈现而非隐藏于我们之前，知觉经验将外部世界向我们打开（open）而非隔离（isolate）或者封闭。通过视觉经验我看到了眼前的电脑，进而我可以过去用它来打字；通过听觉经验我听到了朋友告诉我的信息，知道今晚有演唱会……抛开所有的哲学反思，作为正常的感知者最基本的直觉是知觉经验将我们与世界联系起来，我们生活于世界之中并与周围的环境产生交互，这就是从日常直观上理解的知觉经验的开放性。

进入哲学讨论，问题开始变得复杂。麦克道尔曾宣称“经验可被设想为是一种对世界的敞开（openness to the world）”（McDowell,

1996：111），但这一主张并非自明的，而是牵涉了众多的哲学预设，例如如何定义“世界”，又如何理解“敞开”。麦克道尔本人以概念论的方式对这一主张进行了详尽的诠释，这里笔者暂且按下不表，而尝试进行一些更一般的讨论。

哲学工作者首先会从形而上学维度质疑这种“对世界的敞开”是否真的可能，其次会思考设若知觉经验的确具有这种开放性，我们又该如何更细致地刻画它。就第一个问题而言，一般来说，实在论者会倾向于承认这种开放性，而观念论者会倾向于否认这种开放性；而在实在论内部，直接实在论相较于间接实在论更倾向于承认这种开放性；更进一步细分，在直接实在论内部，关系论（朴素实在论）相较于表征论更倾向于承认这种开放性。①

在笔者看来，这种理论倾向的差异取决于不同理论对两个要素的看法：一是外部世界的心灵独立性，二是知觉经验的直接性（directness）。对不同理论而言，对这两个要素的认可度越高，相应地则越倾向于接受知觉经验的开放性。而这也导向了对第二个问题的回答，即这两个要素构成了对知觉经验开放性的更细致的理解：（1）知觉经验向我们打开的对象必然是异我的、独立于心灵的外部世界之中的对象和属性，因为属我的、内在于心灵的存在无须通过知觉经验进行“打开”，这对应了实在论与观念论的理论倾向差异；（2）知觉经验揭示的我们对于世界的“敞开”本身也意味着心灵与世界之间不可以存在任何“帷幕”，如果我们的知觉仍然需要借助于心灵的媒介或代理，则谈不上真正意义上的“敞开”，这对应了直接实在论与间接实在论的理论倾向差异。

需要说明的是，上述对外部世界的心灵独立性以及知觉经验的直接性的描述，似乎暗示了一种心灵—世界二分的笛卡尔式本体论

---

① 这里涉及的诸多理论会在第二章第一节详加阐述。这里想提请各位注意的是，这三层对比本身具有一定的逻辑推进关系，新的争论都将前一争论中的某种观点作为共识，从而推进整个讨论，而共识的达成则体现了对下文笔者所强调的两个要素的逐步认可。

图景，但笔者想要强调这种担忧毫无必要。在讨论中做出心灵与世界的区分并不等同于承认笛卡尔式的心灵—世界截然二分的本体论图景，对知觉经验开放性的探讨本身就是对心灵—世界关系的探讨，因此至少在这里我们无须做出任何在先的预设。

另需注意的是，斯坦福哲学百科“知觉的问题”（The Problem of Perception）词条将知觉经验的开放性解构为两个构件：心灵独立性（mind-independence）和在场（presence）。[①] 除了相同的对于知觉对象独立于心灵的存在论要求外，该词条认为知觉经验的开放性还意味着知觉对象的在场，即相较于信念或思想而言，尽管它们也可以直达外部世界中的对象，但是知觉经验对知觉对象的依赖还特别地体现为知觉经验的现象特征受到在场的知觉对象的制约。换言之，信念或思想可以任意表征存在或不存在的对象，而知觉经验（特别是真实知觉）则是由在那儿（be there）的对象或属性决定的。不难看出，用在场而非直接性来刻画知觉经验的开放性，可以更轻易地说明关系论（朴素实在论）何以相较于表征论更倾向于接受开放性，因为前者用“亲知”（acquaintance）来刻画知觉经验对世界的直接把捉，而后者用“表征”（representation）来完成相应的工作，亲知关系要求被亲知的对象真实的存在，而表征关系却并不要求被表征的对象真实的存在。[②] 但这也正是笔者选用直接性这一更笼统的表述，而非在场这一更细致的表述来刻画知觉经验开放性的原因。就全书目标而言，本书希望完成的工作是发展并辩护一种基于行动的新朴素实在论，因此虽然对我而言，朴素实在论在解释知觉经验的开放性上的确优于表征论，我却并不希望它以这样便宜（cheap）的方式在这一项上得分。亲知关系相较于表征关系的确更适用于解释在场，但在场却并非知觉经验直接性的全部精义所在。

---

① 参考 Crane，Tim and Craig French（2017）.

② 笔者将在第二章更详细地说明关系论和表征论的争论，并在第三章辩护一种基于行动的朴素实在论。

因而单凭亲知关系更适用于解释在场尚无法说明朴素实在论在解释知觉经验的开放性上优于表征论，要论证这一点必须运用行动来重塑对知觉的理解，笔者将在第三章第二节更清晰地阐述这一点。

上述对开放性的描述是对知觉经验的形而上学特性的刻画，其中知觉经验的直接性有别于知识论意义上的直接性。知识论意义上的直接性是指当感知者通过知觉经验获得关于外部世界的知觉知识时，其辩护（justification）仅基于相应的知觉经验而无须基于其他信念的推论（inference）。换言之，知识论意义上的直接性强调的是知觉知识的辩护的非推论性（non-inferential），强调知觉知识可以得到直接辩护（immediate justification）。[①] 一般而言，对知觉经验的形而上学本质讨论和对知觉知识的知识论讨论是分开的，但在笔者看来，这两者并不能截然分开。设若我们接受并良好地解释了知觉经验在形而上学层面的直接性，那么相应的知觉知识的基本辩护结构则显然同样倾向于保留相应的直接性。换言之，形而上学层面知觉经验的直接性为知识论层面辩护的直接性提供了解释基础。

知觉经验的开放性与上述第二节所讨论的知觉经验的现象特征关系密切，知觉经验帮助我们向世界敞开，从而更细腻地感知世界，才会使得知觉经验具有相应的丰富的现象特征。换言之，知觉经验的现象特征可以通过知觉理论对知觉经验开放性的支持得到解释。

二 意向性

在日常生活中，你站在窗前远眺，这时你身边的人过来问你："你看到了什么?"你可能会回答："我看到了一群大雁飞过。"在这样一个简单的对话里，揭示了日常语境中知觉经验的一个重要特性，即它是有内容的（having *contents*）。在这个简单例子中，"飞过的大雁"就是你的视觉经验的内容。多数情况下，我们能够用语言将知觉经验的内容清晰地描述出来，可以回答"是什么"的问题。但有

---

① 关于直接辩护，主要参考 Pryor（2000）。

时候我们会觉得难以言说，例如你去一家新开的异域餐馆吃饭，品尝完第一道菜，你的朋友走过来问你：“你吃的是什么?”然而因为这道菜是你之前没有品尝过的，食材、做菜的手法和工艺都不熟悉，菜单上的文字你也看不懂，所以你回答：“我不知道。”这时尽管你回答说不知道，但这并不意味着你否定了朋友问题的合法性，因为你还是吃了一道菜，你的经验仍然是有内容的，只不过你暂时无法将其清楚地表述出来。语言上无法表达并不意味着没有相应的经验内容。换个场景，你进餐馆里逛了一圈什么也没吃就出来了，这时你又碰见了你的朋友，他以为你在餐馆吃了饭，于是问你：“你吃了什么?”你回答：“我什么也没吃。”这个回答不同于“我不知道”之处在于它直接否定了朋友的问题，因为我根本就不具有相应的经验。在日常语境中，你或许会难以清楚地表述自己的经验内容，但你很难设想完全没有内容的知觉经验。因此，我们似乎可以说知觉经验的一个重要特性在于它是有内容的（contentful）。

进入哲学语境，讨论知觉经验内容更多使用“意向性”（intentionality）一词，说知觉经验是有内容的，就是说它是意向性的（being intentional）[①]。本书将所有的讨论删繁就简，围绕本书主题归纳为两个问题：一是知觉经验内容的构成是什么，是意向对象（intentional object）还是物质对象（material object）；二是知觉经验内容的特征是什么，是概念化的（conceptual）还是非概念化的（non-conceptual）。两个问题从不同角度丰富了对知觉经验意向性的哲学理解，对知觉经验意向性的全面理解要求回答上述两个问题。

意向性最早由布伦塔诺（Franz Brentano）引入当代哲学的讨论，用来描述每个心灵现象都具有的特征：

---

① 英文中的 intentional 有两个意涵：一种是关涉性（aboutness），一般是指某种心理状态关涉某种非心理事态，进而心理状态具有相应的内容；另一种则是有意性，特指某行动是在意图（intention）引导下的行动，其意涵尽管部分地与关涉性有重叠，但也有重要不同。在行动哲学的语境中，笔者并不认同将 intentional action 翻译为“意向性行动”，而应译为“有意行动”，但本节对意向性的讨论则遵循学界翻译成例。

> 每一个心灵现象都被中世纪经院哲学家所谓的对象的意向（或心灵）隐存［the intentional（or mental）inexistence of an object］所刻画，或者我们可以（即使并非完全清晰地）称之为对内容的指称（reference to a content），指向一个对象（direction toward an object）（这里的指向不能被理解为“意味着某物”），或者内在的对象性（immanent objectivity）。[①]（Brentano，1995：68）。

在布伦塔诺看来，意向性还是区分心灵现象（mental phenomenon）与物理现象（physical phenomenon）的标志：

> 这种意向性隐存是心灵现象独有的特征。没有物理现象展现了这种特征。因此，我们能够这样来定义心灵现象，即它们是在其自身之中意向性地包含了某对象的现象。（Brentano，1995：68）

值得注意的是，布伦塔诺后来认为“意向性隐存”这一短语是有问题的，“对象的隐存”或者“内在的对象性”不能被解读为主体意识中的对象的一种存在模式，而应被理解为对如下事实不太完善的描述，即“我将某物（一个东西，真实的实体，物质）作为对象（I have something as an object），我心里关切某物（mentally concerned with it），我指向某物（refer to it）”（Franz Brentano，1995：68，Note 11；74，Note 20）。换言之，没有神秘的以隐存方式存在的对象，布伦塔诺更想强调的是“将某物视为对象”的心灵活动（mental activity），在布伦塔诺这里，心灵活动有别于心灵行动（mental act），前者接近于心灵事件（mental event）。

布伦塔诺将意向性概念引入现代哲学讨论中后，在欧陆现象学

① 本段由笔者自行译自英译本：Franz Brentano，*Psychology from an Empirical Standpoint*，Routledge Press，1995. 需要说明的是“inexistence”译为“隐存”是参考了张志林（2006/2020）的翻译。

和英美分析哲学中都引起了广泛讨论并产生深远的影响。本书并不深入探究欧陆现象学传统对该问题的讨论①，对分析哲学传统中心灵哲学、语言哲学等领域对意向性问题的讨论也不做过多深究②。在这些语境中，意向性问题都被作为一个独立的课题进行讨论，而在本书中，意向性问题是作为一个背景性问题存在，笔者关注的是特定的知觉经验的意向性问题，即知觉经验是如何指向和关涉外部世界中的对象，或者说知觉经验是如何拥有相应的知觉内容。知觉经验的意向性问题既与一般意义上的意向性问题具有一致性，因为本质上都是对心灵—世界关系问题的探讨。但同时两者又有细微的差异，因为知觉经验并不是标准意义上的心灵现象（例如信念或思想），而是既包括心灵的知觉认知也包括物理的现象感受，因而具有一定的特殊性。

这种特殊性体现在知觉经验的意向性必然受到相应的经验现象的制约，即相较于信念，知觉经验的内容不会全无限制，它必然受到感知者当时当下实际经验到的对象及周遭环境的制约。然而问题在于，在幻觉和错觉中，我们似乎拥有与真实知觉中相同的主观现象感受，这似乎进而推出我们也拥有与真实知觉情形中相同的经验内容③，但是很难说我们在幻觉和错觉中的经验内容受到了感知者的感知对象及周遭环境的制约。为此，安斯康姆（G. E. M. Anscombe）认为我们应当区分两种不同的对象，意向对象与物质对象，并主张在知觉经验中我们的知觉内容是意向对象而非物质对象。④

---

① 关于布伦塔诺意向性概念的现象学传统的解读，参考德尔默·莫兰《现象学：一部历史的和批评的导论》，李幼蒸译，第48—55页。

② 关于意向性问题在分析哲学传统中不同领域的体现，参考张志林（2006）。

③ 这里暗含了一个预设，即知觉现象（the *phenomenology* of perception）决定知觉内容。这当然是存在争议的，通常知觉内容的内在论者会支持这一观点，参考 Dretske（1995），Tye（2000），Carruthers（2000）；而外在论者会否认这一观点，参考 Block（1990；1996），Speaks（2009）。本书并未从经验内容的内在论—外在论之争来构建讨论，因此这里默认这一预设。

④ 参考 G. E. M. Anscombe（1965：3 –20）.

知觉经验意向性问题在哲学语境中的另一争论在于知觉经验的内容是概念性的还是非概念性的。概念论者认为概念是知觉经验得以形成的前提，他们认为应当遵循康德的教诲“直观无概念是盲的”（Kant，1998：193－194，A51/B75），知觉经验中我们的概念能力非自主地实现（involuntarily actualized）[①]，从而使外部世界中的事实得以呈现给我们，概念论最典型代表即麦克道尔。与之相对应的则是非概念论者，认为我们的经验内容可以是非概念性的，经验直观可以直接将外部世界中的对象呈现给我们，而无需概念的帮助，概念只在之后的判断阶段才起作用，典型代表有埃文斯（Gareth Evans）。

概念论与非概念论之争本身是一个大争论，交战双方有繁多的论证与回应。本书无力对所有的争论尽数梳理，主要关注两场争论。一是经典的麦克道尔与埃文斯的争论，埃文斯提出三个反对经验内容是概念化的理由，而麦克道尔一一给予回应，通过回顾两人的争论可以对麦克道尔概念论的深层动机有更好的把握。[②] 本书对基于行动的析取主义的建构不会放弃概念论的洞见，用于解释知觉的有意行动同样包含概念能力的运作。二是麦克道尔与德雷福斯的争论，德雷福斯借用现象学中“具身”概念来反对麦克道尔弥漫的心灵概念，认为他陷入一种“心灵神话”，而麦克道尔则回应称德雷福斯曲解了自己的心灵概念，自己的心灵概念非但没有陷入心灵神话，反而可以很好地适应“具身”概念。笔者关注麦克道尔—德雷福斯之争的理由在于可以从概念论的视角审视“具身”概念，为笔者自己“具身的有意行动”概念提供有益的启示（详见第三章第二节）。

---

① 参考 McDowell（2009a：12）．麦克道尔区分了概念能力在不同情境中的运行方式，在判断（judgement）、行动（action）中行为主体是积极地运作（exercise）自己的概念能力，而在经验中概念能力只是被动地、非自主地实现（actualized）。麦克道尔特别区分了 exercise 和 actualized，这一区分是因为他主张知觉经验本质上是被动的（passive），参见 McDowell（1996：10）。笔者并不赞同他的这一立场，将会在第三章第二节讨论知觉本质上为什么必须是行动时回到这一点。

② 参考 Evans（1982）；McDowell（1996：56－65）．

三　可错性

在日常生活中，我们总是很容易看错东西或者听错声音，把张三看成王五、把南京东路的报站听成南京西路……我们并不会否认自己可能会出错，因为这实在太常见，以至于完全不出错的人反而是不那么正常的个例。出错的原因既可能是环境因素，例如因为房间的灯光过于昏暗致使我们错将张三认成王五，又或者因为房间里的背景音乐过于嘈杂而听错了朋友的叮嘱；也可能是感知者自身的原因，例如我今天服用了某种药物，致使我看东西都有些模糊。无论何种原因，知觉经验是可能出错的已然成为被普遍接受的常识。

进入哲学讨论，一般而言，知觉经验的可错性被认为是必然的。首先，它体现了人类（乃至更一般的知觉主体）作为生物个体的有限性。人类的知觉官能和能力是有限度的，我们不可能完全不出错地知觉到周遭环境的一切细节。其次，它体现了人类作为理性存在者的有限性。人类的认知能力和背景知识同样是有限度的，我们不可能完全不出错地认知周遭环境的一切细节，依据知觉经验做出的关于周遭环境的断言是可能出错的。值得注意的是，这种双重有限性不仅体现在对外部世界的感知/认知，对内部状态的感知/认知同样存在限度，而这一点在自笛卡尔以来的心灵哲学和知觉哲学讨论中被长久地忽略。人们倾向于认为，相较于关于外部世界的外感觉，我们对自身心灵状态的感知（内感觉）是不会出错的，我们自己的"心灵剧场"是澄明无欺的。但这一点显然在当下一些反笛卡尔二元论图景的哲学家眼里是存在问题的，代表人物有安斯康姆、麦克道尔以及威廉姆森（Timothy Williamson）。这三位人物并非随意列举，在笔者看来他们在各自独立研究的同时形成了一种有趣的呼应。安斯康姆在行动哲学中强调行动的意图并非藏于心灵之内而是寓于行动之中（Anscombe，2000）；麦克道尔在知觉哲学中强调知觉经验不能丢失世界（McDowell，1986；1996）；威廉姆森则直接提出著名的反自明性论证（Williamson，2000）。三人的关注点可能不同，但共同点在于都希望将心灵中的东西拉到世界之中。

知觉经验的可错性带来的直接影响分为两个层次，首先是形而上学层面，体现为对相应的知觉经验整体可能性的怀疑；其次是知识论层面，体现为对相应的知觉知识整体可靠性的怀疑。这两种怀疑都很容易导向怀疑论的境地，因此麦克道尔提醒我们警惕对可错性的误置。麦克道尔认为人们错误地将可错性归于知觉经验本身，相反，“可错性是能力（或者作为能力拥有者的认知主体）的一种属性”（McDowell，2011：37）。当我们承认知觉作为一种能力是可错的，我们是说可能存在其运作不完美（defective）的情形，亦即未能成功建立与外部世界的亲知关系从而获得关于外部世界的知识。知觉能力可能因为不同原因未尽其善，但重要的是，这并不妨碍当它完美运作（non-defective exercise）时，感知者能够成功建立与外部世界的亲知关系并获得关于外部世界的知识。换言之，并非知觉经验本身总是错误的，当我们的知觉能力成功运作时，我们的知觉经验就是没有错的，同时我们通过知觉经验获得的认知担保也是确凿的（conclusive）。

在笔者看来，麦克道尔的澄清能够帮助我们更加审慎地看待知觉经验可错性带来的影响。一方面，我们必然需要接受自身的有限性，进而接受知觉经验的可错性；另一方面，我们又需要谨防因噎废食，不能因为接受知觉经验的可错性而滑向怀疑论。

在第三节的讨论中，我们分析了知觉经验的三个特性：开放性、意向性与可错性。三个特性从不同侧面制约着心灵与世界之间的关系，知觉经验的开放性强调感知者对外部世界的感官把握，知觉经验的意向性强调感知者对外部世界的概念把握，而知觉经验的可错性强调感知者在进行上述两种把握时可能出错。可以说这三个特性共同构成了对知觉经验的整体核心认知。

综合上述讨论，我们可以得到关于知觉理论的第三条评价标准：一个好的知觉理论应当能够融洽地保留和解释知觉经验的三个特性。

第四节　知觉经验的认知科学研究

前三节我们对知觉经验的结构、特征与特性做了一般性的哲学与常识的考察，但正如笔者在本章第一节末尾注释中所强调的，从方法论角度而言，对知觉经验的哲学考察不可能完全脱离对知觉的经验科学研究。一方面，知觉作为切实发生于现实世界中的自然现象，必然受到自然规律的制约，即便哲学考察的是知觉现象抽象的概念化的特性与特征，对它的经验科学研究依然不会缺席对知觉的哲学讨论，前者为后者提供了讨论的基础并起到规范性作用。另一方面，当代认知科学作为一门新兴的交叉学科飞速发展，其中哲学占有重要的位置，哲学讨论已然与经验科学研究深度的整合，哲学讨论中对知觉经验形而上学本质的思考及其认识论后承的思考也在指导着经验科学研究的计划和实施。

本节将从方法论层面说明关于知觉经验的哲学讨论与经验科学研究的关系问题。总体而言，笔者从方法论角度对经验科学研究成果能够给我们的哲学思考带来的贡献持一种审慎的乐观态度。首先，笔者将讨论一种经验的自然主义，在接受其基本主张的同时特别强调我们需要防范陷入一种未经反思的科学主义，一种合理的态度应该是在经验科学研究与哲学思考之间达成一种反思平衡。其次，笔者将简述当代认知科学中的知觉研究，尤其聚焦于4E 理论引领的“行动”转向，在笔者看来这不啻为一次革命意义的范式转换。最后，综合上述两方面讨论，笔者希望得出关于知觉理论的第四条评价标准，即一个好的知觉理论应当能够与关于知觉的经验科学研究相容。

一　经验的自然主义与反思平衡

自然主义（naturalism）本身严格来说并不是一个有着严格定义的词汇，在当代哲学讨论中，不同领域充斥着形形色色的自然主义。

撇开问题域不同造成的差异，一个自然主义立场通常包含两个主张：（1）本体论上主张不存在超自然的（supernatural）实体，所有存在的实体只能是自然科学研究中能够观测和考察的实体，而最典型的物理主义（physicalism）甚至主张世界中能够存在的实体只能是物理实体（physical entity）。（2）方法论上主张在对实在（reality）的调查研究中科学占有主导地位，甚至某种程度上享有绝对的权威。显然，这两个主张并未能够对自然主义给出更详尽的解释，因为许多概念过于模糊，什么是“自然”？什么又是“科学”？这里牵涉了太多宏大的背景问题，围绕着这些核心概念的定义也产生了相当多的争论。[①] 笔者无意在这里对繁复的概念定义做更多的展开，但综合两个主张，不难得出一个一般性结论，即在当代哲学各个领域中逐渐占据主流的自然主义，无疑受到近代自然科学迅猛发展的深刻影响，无论是本体论承诺还是方法论选择上，近代自然科学的显著成功都在型塑着我们的哲学思考。

本书的研究主题是知觉经验，所以笔者相应地选用马丁（M. G. F Martin）所描述的“经验的自然主义”（Experiential Naturalism）作为知觉研究中的自然主义立场的代表。

> 我们的感官经验，如同这个自然世界中的其他事件或状态一样，都受制于因果序列（causal order），亦即受制于广义的物理原因（physical cause）（例如神经生理学的原因和条件）和心理原因（psychological cause）（如果这些是与物理原因有所区分的）。（Martin，2004：39－40）

马丁的描述点出一个更具体的审视感官经验的自然主义背景的视角，即感官经验发生的世界是一个存在于其中的事件和状态彼此间因果地联系在一起的世界。如何理解因果当然是另一个大问题，

① 参考 Papineau，David（2020）.

尽管马丁的描述中区分了物理原因和心理原因，但在笔者的理解中，综合马丁的论证目的[①]，即便是这里的心理原因也应当是在经验科学研究主导的认知心理学语境中加以理解，因而我们可以笼统地说感官经验发生于一个由近代自然科学研究定义的因果空间（space of causes）之中。值得注意的是，因果空间是否是对近代自然科学描述的世界图景最精准的刻画是存在争议的，例如在罗素（Bertrand Russell）看来，可能近代自然科学描述的世界其基本组织构架并不是因果而是律则支配（law-governed processes），因此更准确的说法是感官经验发生于律则空间（the realm of law）[②] 之中，自然的空间即律则空间。

在笔者看来，如果经验的自然主义的要义在于告诉我们感官经验发生于律则空间之中，受制于普遍的因果律约束，那么任何具备一定近代科学素养的人显然都没有理由反驳这一立场。然而问题的关键在于，作为哲学工作者，我们在接受这一立场的同时，似乎还应当意识到这一立场隐藏的危险倾向，即我们是否能够进而宣称感官经验只发生于律则空间之中，我们对于知觉经验的考察只能在近代自然科学研究划定的范畴内进行。在麦克道尔看来，这显然是一

---

① 马丁认为经验的自然主义和共同类假设是知觉研究中被多数人认同的两个假设，而朴素实在论与这两条假设会产生一定的冲突，这构成了一种对朴素实在论的反驳。反驳能够成立的一个重要因素在于构建一种基于因果匹配（causally matching）的幻觉情形，而如果这种构建能够成功，那么这里的心理原因就得是真实情形和幻觉情形一致的原因，而无法是主体性的原因（agentive cause），参考 Martin（2004）。笔者在第二章第三节和第三章会进一步详细讨论这种基于因果匹配的幻觉论证。

② 关于因果空间与律则空间的区分，参考 McDowell（1996：71，Note 2）。该注释中罗蒂（Richard Forty）和罗素分持两种不同的观点，争论的焦点在于当代自然科学研究中究竟以什么作为世界组织的基础并进而与理由空间形成对比。罗蒂认为是因果（causation），罗素认为是律则支配的过程（law-governed processes）。笔者接受麦克道尔做出的选择，即以律则空间而非因果空间作为理由空间的对比项，原因在于这样可以为原因和理由的统一提供空间，这与戴维森在行动哲学领域主张的原因与理由的统一形成有趣的呼应。当然，如果将因果律作为自然世界最基本的规律，那么因果空间和律则空间就不存在实质的差异。

种需要被警惕的“直白的自然主义”（bald naturalism）（McDowell，1996：67），或者更确切地讲，是一种需要被拒斥的“未经反思的科学主义”（unreflective scientism）（McDowell，1996：88）。这种立场忽视或者否认还存在一个与律则空间相对立的空间，即理由空间（space of reason）。麦克道尔从塞拉斯那里借用了这一概念，他曾多次引用如下文段：

> 当我们将一个片段或状态称为知道时，重点在于我们不是对该片段或状态给出一个经验的描述；我们是把它放置于理由的逻辑空间（logical space of reasons）之中，即辩护和能够辩护我们所说的话的空间。（Sellars，1997：76）

这段引文之所以被反复引用，是因为它直观地刻画了一个完全不同于上述自然主义图景中的律则空间的理由空间。律则空间的规范性建基于客观世界中的事实，其构成主体是当代自然科学观测和实验研究的对象，而理由空间的规范性建基于理性（rationality），其构成主体是人类作为理性存在者的各项活动。

回到知觉经验，麦克道尔认为作为理性存在者的人类的知觉经验不仅发生于律则空间之中①，同时也发生在理由空间之中。然而要做到这一点，我们显然需要一个更为丰富的“自然”概念。因此，麦克道尔引入第二自然（second nature）的概念，并主张我们应当持有一种亚里士多德式自然主义。亚里士多德式自然主义并不是要复魅（re-enchant）已然被近代自然科学祛魅（disenchant）的世界图景，而是强调我们对自然的理解需要被扩展以包括通过教化（cultivation）得

① 这里需要澄清一些对麦克道尔立场的误解，即尽管麦克道尔主张乃至强调理由空间和律则空间的对立，但他从未否认过知觉经验在律则空间中发生。换言之，他从未否认关于知觉的经验科学研究可以增进我们对于知觉的理解。他反对的是未经反思的科学主义，但不是反对整个认知科学研究。参考 McDowell（2010a，2011a，2013a）中回应伯吉（Tyler Burge）的指责时做出的澄清。

来的第二自然。[①] 有人会将理由空间与律则空间的对比视为当代理性主义传统与当代自然主义的对立，而细读麦克道尔，我们能意识到当代理性主义传统并非如多数人所设想的那样拒斥自然主义，他们只是以一种独特的方式扩展了对自然主义的理解。换言之，他们是在强调经验的自然主义并不能仅仅基于一个被基础物理学描述的世界，而必须建立在一个有意义的（meaningful）世界之上。

在笔者看来，无论是麦克道尔所代表的当代理性主义传统对知觉经验基于理性的考察，还是当代自然科学引领的自然主义传统对知觉经验基于科学的考察，都增进了我们对知觉现象的理解。或许普特南的方法论立场最为恰当："我认为神经学、脑科学、现象学以及对心理词汇语法的反思都与我们对经验本性和源起的讨论有关。不仅仅是在道德哲学领域，在这里的讨论我们同样应当寻求罗尔斯所说的'反思平衡'（reflective equilibrium），它能够帮助我们调和、诠释、确证乃至修正我们关于知觉的言说。"（Putnam，2015：662）

达成这种"反思平衡"或许并非易事，因为它需要在不同的哲学立场之间保持开放的心态，但兼听则明、偏信则暗，无疑它是我们在处理哲学思考与科学考察的关系时应当秉持的方法论立场。

二　认知科学中的知觉研究

当前自然科学研究对知觉哲学研究的影响最突出地体现在认知科学的兴起。作为一门新兴的交叉学科研究，它广泛地涉及了诸多领域，既有经验科学领域的实证研究，例如脑神经科学、认知心理学、人类学等不同学科对人类认知活动（知觉、记忆、想象、行动

---

① "祛魅"概念源自马克斯·韦伯（Max Weber），参考 Weber（1917/2004）。麦克道尔对这一概念的借用是为了说明近代科学革命对人们的自然观产生的影响。值得注意的是，通过教化获得的第二自然并不与自然主义存在冲突，也不与近代科学的发展存在冲突，这是正确理解麦克道尔主张的亚里士多德式的自然主义的关隘，参考 McDowell（1996：72）。

等）进行的实验考察，也涉及哲学领域的思辨研究，例如哲学工作者借用各种资源对上述实验结果进行的哲学阐释。知觉无疑是认知科学中的一个重要子课题，因为知觉是我们认知世界的一种重要方式与途径。

长久以来，研究者都试图以计算机为模型来解释人脑运作机制，形成了所谓的标准认知科学（The Standard Cognitive Science）①。该理论主要论点有：

（1）认知是基于心灵或神经表征的计算，计算和表征是理解认知的核心概念；

（2）认知发生于大脑之中，与身体无涉；

（3）认知系统的信息处理过程是模块化的，和认知主体所处的情境不相关；

（4）认知主体不与世界交互，是一个“中立”的观察者。

近年来，认知科学内部逐渐兴起以具身认知（Embodied Cognition）为核心纲领的所谓4E 理论②，对上述标准认知科学的观点发起挑战。其支持者认为传统的计算—表征模型并非刻画认知的最好模型，计算和表征也并非理解认知的核心概念，而应以大脑—身体—环境交互耦合的系统作为新模型来理解认知。其主要论点亦可对应总结为：

---

① 关于标准认知科学可参考 Marr（1982），Fodor（1983），Pylyshyn（1984）。近年来新兴的预测加工模型（Predictive Processing Model）是一个略难归类的理论。它既有标准认知科学的内容，例如知觉本质上是大脑基于贝叶斯定理的推理，同时又兼具一些具身认知纲领中的特点，例如也强调行动对知觉输入的影响。笔者在第二章会借用霍伊（Jakob Hohwy，2013，2016，2017）对 PP 模型的理解来解释因果—幻觉论证的细节，而在第三章回应该论证时又会借用克拉克（Andy Clark，2016，2017）对 PP 模型的另一种理解。

② 4E 理论分别是具身认知（Embodied Cognition）、嵌入认知（Embedded Cognition）、生成认知（Enactive Cognition）、延展认知（Extended Cognition）。不同理论间存在一些细微的差异，但共享的核心想法是反对标准认知科学基于计算—表征的认知模型。关于具身认知的一般性介绍可参考 Shapiro（2019）。

（1）认知基于感知者的具身行动，具身和情境是理解认知的核心概念；

（2）认知延展到大脑之外，延展到身体与世界之中；

（3）认知活动嵌入一个更广泛的生物、心理和文化情境中；

（4）认知活动本质是认知者与环境的交互，认知者深度地参与到认知过程中去。

不难看出，相较于标准认知科学，具身认知纲领更强调感知者的身体、环境对认知活动的参与。具体到知觉，它不再是对外部世界信息的被动接受，而是感知者对外部世界的交互式探索，知觉本质上是一种认知行动。就笔者的论证目的而言，具身认知所引导的这种知觉研究中的“行动转向”无疑是一种范式转换，笔者在第三章尝试运用行动概念重构知觉概念，构建基于行动的朴素实在论时，会借用知觉生成主义的部分资源。

综合第四节的讨论，我们可以得到关于知觉理论的第四条评价标准：一个好的知觉理论应当能够与关于知觉的经验科学研究相容。

本章小结

本章笔者对关于知觉经验的一些基本概念做了辨析与澄清。知觉经验的一般结构包括感知者、被感知对象以及两者之间的关系。知觉经验通常包括真实知觉、幻觉与错觉，三者的哲学定义与常识定义要注意加以区分。知觉经验具有现象特征与认知特征，前者关注知觉经验的现象感受，后者关注知觉经验的认知角色。知觉经验具有开放性、意向性与可错性三个特性，三个特性各有侧重，刻画了我们对于知觉经验的不同直觉。最后，关于知觉经验的哲学研究与科学考察之间应当达成一种反思平衡。

笔者同时从方法论角度总结出评判一个知觉理论是否合格的四条标准：

（1）一个好的知觉理论应当能够同时对真实知觉、幻觉与错觉给出合理的哲学解释；

（2）一个好的知觉理论应当能够同时给知觉经验的现象特征和认知特征给出合理的解释；

（3）一个好的知觉理论应当能够融洽地保留和解释知觉经验的三个特性；

（4）一个好的知觉理论应当能够与关于知觉的经验科学研究相容。

结束本章的讨论，舞台既已搭好，笔者将从下一章转入对具体的争论和问题的考察。

第二章

争论与问题

在完成对知觉经验的一般性考察并归纳出四条评价知觉理论的标准后，本章将进一步围绕知觉经验的争论与问题进行深入考察。第一章在对知觉经验的结构、特征与特性进行考察时，其实已经暗中引出了相关争论与问题，只是这些问题在第一章中显得过于零散，且没有得到细致的阐明。而本章则致力于将这些问题用一条主线——围绕实在论的争论——串联起来，并且用论证的方式加以明确和分析，便于在随后两章中加以解决。

具体而言，笔者首先将梳理围绕实在论的三场争论，通过层层递进的三场争论来说明本书所关注问题的一般框架，并对涉及的哲学理论作一些说明。其次，笔者将着重介绍本书希望辩护和发展的立场——朴素实在论，概述其历史，说明其如何借由析取主义获得复兴，并简述其优势与困境。最后，笔者将用两个小节从形而上学和知识论两个维度分别详述针对朴素实在论的难题。第三节关注形而上学难题，即朴素实在论如何应对知觉错误给真实知觉带来的挑战，以及如何对知觉错误做出合理的解释。第四节关注知识论难题，即朴素实在论框架下的知觉概念是否有助于解释我们如何获得关于外部世界的知觉知识。这两个难题将在第三章和第四章分别得到解决。

特别需要说明的是，为了讨论得清楚明白，后两节的难题将被进一步具体表述为几个针对朴素实在论及其对应的知识论立场的反驳论证。第三节主要是现象—幻觉论证、因果—幻觉论证、解释冗余论证和错觉论证。第四节主要是两个彻底怀疑论论证。在利用论证的形式使问题更加清晰的同时，为防止问题流于表面，本书会在重构论证时对其背后的问题加以更细致的说明。

第一节　关于实在论的三层争论

围绕知觉现象，哲学史上有无数的争论，但在笔者看来，真正推动知觉哲学发展的是以实在论（realism）为中心展开的三层争论。实在论是一个相对宽泛的概念，在诸多哲学领域都存在实在论与反实在论的争论，近年来在语言哲学、科学哲学领域尤甚。[①] 本书关注的实在论及其变种则聚焦于知觉哲学领域，关注的是心灵与世界的本体论地位及其关系。

本节主要讨论围绕实在论的三层争论：一是实在论与观念论之争，即外部世界是否能够独立于感知者的意志或心灵而存在；二是直接实在论与间接实在论之争，即感知者对外部世界的知觉是直接的还是间接的；三是关系论与表征论之争，即感知者对外部世界的直接知觉是借助于亲知还是表征来实现。值得注意的是，笔者对这三层争论的编排并非完全按照哲学史上发生的时间线性关系来确定，而是依据其自身的内在逻辑展开，后发争论都以先在争论的某些结论为前提，层层递进，逐步深化对知觉本质的理解。

一　实在论 vs. 观念论

实在论主张外部世界独立于感知者的意志或心灵而存在。这里

① 参考 Miller, Alexander（2019）. 本词条是对实在论一般意义上的介绍。关于语言哲学、科学哲学领域实在论与反实在论之间的争论，参考张志林（1993，1996）。

的“外部世界”是指由各种具有广延的物理实体构成的物理世界；“独立于感知者的意志或心灵而存在”是指物理世界的存在不依赖于被感知者的任何有意识的认知活动，例如思考或知觉。观念论（idealism）则主张任何看起来是物理的世界可还原为，或至少依随于（supervenient upon）感知者有意识的认知状态。[①] 实在论与观念论的争论核心是外部世界是否能够独立于感知者的意志或心灵而存在。

在科学讨论中，随着对地球乃至宇宙起源研究的深入以及对物种进化演变研究的完善，几乎没有稍有科学常识的人会否认这个由各种基本物质构成的物理世界可以独立于感知者的意志或心灵而存在，人作为一种碳基生命只是地球上万千物种中的普通一种，不具有任何生物学意义上的特殊性，其诞生不会早于地球本身的存在。因此，说外部物理世界依赖于感知者的意志或心灵而存在是一种极其荒谬的说法。[②]

在哲学讨论中，两者的胜负却未必如此容易判定。因为哲学讨论中的“实在”“世界”等概念本身便充满着诸多争议，例如对一些现象学传统的哲学家（例如梅洛-庞蒂、萨特）而言，尽管称他们为观念论者并不准确，但一个完全独立于人的意识而存在的“世界”概念对他们而言是完全没有意义的。[③] 而在分析哲学传统中，近年来持有实在论立场的哲学家首推普特南（Hilary Putnam），他在其杜威讲座（1994）和罗伊斯讲座（1997）[④] 中系统阐发了对知觉理论和身心关系问题的思考，形成了其独特的自然实在论（natural realism）[⑤]。

---

① 参考 John Forster（1982，2008）. 观念论是一个指涉很广的概念，这里最接近 Forster 所述观念论的是早期近代哲学家贝克莱（George Berkeley）的主观唯心主义（subjective idealism），参考 Clarke（2009）。

② 这里的结论是基于常识与经验科学研究的结论，与科学哲学内部关于科学理论实体是否真实存在的争论并不矛盾。

③ 参考 A. D. Smith（2002）.

④ 两个讲座讲稿后都被编入 Putnam（1999），中译本参考希拉里·普特南（2017）。本书对这本书的引用部分参考了孙宁的译文，后不一一说明。

⑤ 普特南自述他是从詹姆士（William James）那里借来这一名称，意在寻求“平常人的自然实在论”，参考 Putnam（1999：10），有趣的是他并不认为詹姆士是典型的实在论者，参考该页注释 6。

他在杜威讲座中对传统实在论的剖析有助于我们理解知觉哲学中的实在论—观念论之争的核心旨趣。在他看来：

> 传统形而上学家坚持实在的独立性，并认为我们有责任在认知上正确对待我们的描述对象，他们在这一点上完全正确。（Putnam，1999：9）

但除此之外，传统实在论也存在过于简单地设定“实在”为一个绝对的确定总体的问题①：

> 传统的实在图景控制了可能描述的总体，它一劳永逸地保存了上面这些洞见。这样做的代价是丢掉了詹姆士实用主义的真正洞见——“描述”永远都不只是简单的复制，我们在不断地添加语言对实在负责的方式。在我们急于从詹姆士的另一个不明智的观点——我们（部分地）“创造了”世界——抽身后退时，一定不能丢掉上面这个洞见。（Putnam，1999：9）

在笔者看来，普特南试图在传统实在论和观念论之间达成某种平衡。传统实在论关于实在的独立性的洞见应当得到保留（这与上述科学语境中的直觉一致），但在实用主义者②看来这一洞见又不能过于便宜地获得，我们不能简单地将“实在”理解为“指涉一个单

---

① 普特南在注释中更清晰地总结了他所要反对的传统实在论的四个预设：（1）一个确定的所有对象的总和；（2）一个确定的所有属性的总和；（3）在我们于世界中“发现”的属性和我们“投射”于世界之上的属性之间存在明晰的界限；（4）一种确定的定义真理（truth）的“对应”关系。从这四个更细致的预设不难看出普特南反对将“实在”或者外部世界定义为一个绝对的确定总体，参考 Putnam（1999：183，Note 41）。

② 这里的实用主义者（Pragmatist）主要代表人物有詹姆士、杜威（John Dewey）。普特南在讲座中以詹姆士作为实用主义的代表，值得注意的是，普特南认为詹姆士自身并非一个典型的实在论者，他最终滑向了观念论和泛灵论，参考 Putnam（1999：178，Note 5）。

一的超事物”（Putnam，1999：9），类似于康德意义上的不可知的物自体，以此保留其独立性，而我们的语言和认知不过是对这一超事物的简单复制。这种图景显然是错误的，一个合理的实在论图景应当在保证外部世界独立性的前提下，保留人类心灵主动地与之交互的可能，而这部分地保留了观念论的洞见。

换言之，这也是笔者在第一层争论中所希望得出的结论：科学的进步让我们欣然接受实在论所描绘的独立的世界图景，外部世界不依赖于我们的心灵而存在。但是哲学的反思告诉我们实在并非一个预设的给定的对象—属性集，它不是超越的不可知的神秘存在，我们的心灵总是保有接触、回应和理解实在的可能。

二　直接实在论 vs. 间接实在论

在对传统实在论的预设进行反思之后，普特南很快在其杜威讲座中问出了核心问题：“关于外部世界的实在论何以成为问题?”（Putnam，1999：9）而这将我们引向知觉哲学中的核心争论——直接实在论与间接实在论之争。

直接实在论（direct realism）主张至少某些知觉经验（真实知觉）中包含对独立于心灵的物体直接的感官觉知，这种感官觉知不依赖于对其他知觉对象的感知。间接实在论（indirect realism）则主张所有的知觉经验都是对心灵之中的对象的觉知，我们不能直接感知到外部世界中的对象。直接实在论和间接实在论的共识在于都承认外部世界独立于感知者的意志或心灵而存在，都是实在论立场。分歧在于感知者如何知觉到独立的外部世界，直接实在论认为是直接知觉，知觉的对象就是外部世界中的对象；而间接实在论则认为是间接知觉，知觉的对象是某种心灵中介。两者在“直接性”议题上存在异议，这与第一章中关于知觉经验开放性的讨论相呼应。

普特南将这一分歧诊断为所谓的界面问题（interface problem），并认为这是关于外部世界的实在论之所以成为问题的关键。他在讲座中将这一诊断归功于麦克道尔：

> 在他的1991年约翰·洛克讲座中，麦克道尔令人信服地证明这一图景（无论是其经典版本还是其现代唯物论版本）对形而上学和知识论的每一个部分都是灾难性的。在麦克道尔看来，对这一灾难负责的关键预设在于如下观点，即在我们的认知能力与外部世界之间必须存在一个界面（interface），也就是说，我们的认知能力不能一路直达对象本身。（Putnam，1999：10）

引文中的“这一图景”即各种版本的间接实在论立场，其经典版本可以是笛卡尔的“观念”、休谟的“印象”、马赫的“感觉”或罗素的“感觉材料”，其现代唯物论版本则是认知科学中常用的“表征”（representation）。[①] 无论是何种版本，其共性在于都是作为感知者与外部世界之间的中介而存在，其自身与外部世界处于因果联系而非认知联系之中，这使得我们如何与世界实现真正的认知性关联成为问题。

在普特南看来，拒斥这一图景即直接实在论的主张。值得注意的是，他并不满意“直接实在论”这一名称，这部分源于他赞同奥斯汀（John Austin）的判断，即传统知识论中对“直接”“间接”的使用存在大量的循环。（Putnam，1999：180，Note 20）更重要的是他认为某些传统直接实在论的表达过于容易达成，例如“知觉的对象是‘外在’事物，更一般地，是‘外在’实在的某些方面”[②]。

---

① 参考 Putnam（1999：180，Note 16）. 在普特南看来，间接实在论的典型传统代表是感觉材料理论，而当代认知科学中基于计算表征的标准认知科学理论则是其唯物论版本。这里需要区分哲学讨论中表征论者和认知科学研究者对“表征”一词的不同使用。通常而言，表征论者的表征可以是一种语义层面的映射关系，并不必然预设任何心理存在物，因此它可以是直接实在论的一种，参见第三层争论。而认知科学中的表征，至少在普特南的理解中，是一种物质的、中介性的大脑过程（brain process），因此它是作为传统间接实在论的现代唯物论版本而存在。

② 普特南在注释22中解释了这里对“外在”使用双引号的原因，因为在他看来，“内在”和“外在”的说法其实暗示了一种不合理的心灵图景，即心灵必然是内在的。（参考 Putnam，1999：180－181）值得注意的是他特别强调仅仅反对二元论（dualism）并不能完全消除这一图景的负面影响。在笔者看来这是非常重要的一点，当代认知科学的诸多讨论都是在唯物论框架下讨论，传统的心灵被等同于大脑，但是“内在”和“外在”的冲突对立不过是换了一种方式继续存在。

一个关于知觉的因果理论只须做一些语词上的修饰便可以同样接受这一点，而“必须以因果性理论分析知觉的错误信念根植于所有形式的知觉观当中，这一信念从17世纪就主导着西方哲学”（Putnam，1999：11）。需要注意的是，这可能给人一种印象是普特南反对关于知觉的因果分析，但事实并非如此。“在詹姆士意义上的自然实在论则持有相反的主张，即成功的知觉是对‘在外’的实在诸方面的主动感知（sensing），而不仅仅是这些方面对主体性的影响（mere affectation）。”（Putnam，1999：10）这表明普特南所想的“错误的因果理论”是一种对知觉的被动理解，并不是反对从经验科学研究角度对知觉现象进行因果分析，他本人想强调的是知觉中需要主体性的主动体现。

综合而言，他所提倡的自然实在论承继奥斯汀和詹姆士的洞见，反对感知者与外部世界之间存在一个界面，我们的认知能力可以直达外部世界中的对象本身，抛开术语之争，这是一种典型的直接实在论立场。[①]

有趣的是麦克道尔对普特南的“归功”似乎并不领情，他在一篇专门讨论普特南自然实在论的文章中写道：“在最初的对我的工作的慷慨称赞中，普特南把这一诊断归功于我的《心灵与世界》。我感谢他的慷慨，但这一诊断却并非我想提供的那一个。”（McDowell，2015：644）在麦克道尔看来，普特南错误地将自己在《心灵与世界》中的诊断目标理解为笛卡尔式怀疑论（Cartesian Skepticism），而事实上自己却是以康德式怀疑论（Kantian Skepticism）为诊断目标[②]。前者是

---

① 普特南的知觉观点是异常多变的，他在后期对杜威讲座中的诸多观点进行了更正。例如他在杜威讲座中的直接实在论立场是与析取主义接近的，而后期他不再认为析取主义是对的，而是和雅各布森（Hilla Jacobson）试图提出一种新的知觉理论“交互论”（Transactionalism），但这都不影响他始终是一个直接实在论者。参见Putnam（2011：627－639）。

② 注意这并不是说麦克道尔不关心界面问题，他在McDowell（1982，1986）中都有涉及对界面问题的讨论，这里他只是说在《心灵与世界》中关注的不是界面问题而是康德式怀疑论问题。

关于我们能否获得关于外部世界的知觉知识的知识论问题，是从经验层面对我们的认知能力提出质疑，如果在感知者和外部世界中的对象之间真的存在界面，那么我们就无法与外部世界实现认知接触。而后者是关于意向性状态（intentional state）何以能够关涉世界的形而上学问题，是从先验层面思考我们的思想或经验具有内容何以可能。[①] 麦克道尔遵循康德—塞拉斯传统认为我们的知觉经验内容需要来自其自身之外的限制（external constraint），但这种自身之外的限制作为一种给予（the given）又是不可言说的（ineffable）。一个不可言说的存在如何限制我们的概念性的知觉经验，这才是麦克道尔关心的问题，亦即塞拉斯所谓的"所予神话"（the myth of Given）。特别要注意的是，麦克道尔强调知觉经验何以可能关涉世界的问题并非导源于界面问题；相反，前者的解决可能为后者提供某种解决的方案，后者只是前者在知识论领域的一个特例。

普特南在对该文的回应中也部分承认了自己对麦克道尔可能存在的误读："多年来，柯南特与麦克道尔一直认为我在杜威讲座中错把《心灵与世界》的靶子视为'笛卡尔式'怀疑论，而事实上麦克道尔关心的是'康德式'怀疑论……某种重要意义上他们是对的，《心灵与世界》的主要靶子不是知识论意义上的怀疑论，而是'康德式'怀疑论。"（Putnam，2015：659）尽管承认《心灵与世界》的主题不是回应笛卡尔式怀疑论问题，但与麦克道尔不同的是，普特南坚持认为界面问题（笛卡尔式怀疑论）的解决能够为意向性问题（康德式怀疑论）的解决提供帮助。普特南认为麦克道尔的概念论混淆了印象（impressions）与统觉（apperception），是后者而非前者为信念提供担保，是后者而非前者必然是概念化的，且现有的关于视觉的脑神经科学和认知心理学研究都不支持概念能力作为拥有

---

① 关于笛卡尔式怀疑论与康德式怀疑论的介绍和讨论，参考 Conant（2012）。在该文中柯南特不仅详细区分了两种怀疑论，而且对麦克道尔和普特南彼此间的误解作了详细梳理，见该文第 53—61 页。笔者在本章第四节会重回这两种怀疑论的对比分析。

视觉经验的必要条件，因此概念论无法真正解决康德式怀疑论问题。

抛开分歧，普特南回应文章的最后总结了两人最低限度的共识：反对一种将心灵视作某种内在器官（internal organ）的未经反思的科学主义。需要注意的是，这里的科学主义不是指认知科学或经验科学研究，而是特指一种所有关于知觉的研究都要模仿自然科学研究、所有心理语词都要还原为物理语词的方法论倾向。这或许是界面问题和意向性问题背后更深刻的共同肇因。

在笔者看来，这一有趣的“误读”其实引出一个深刻的问题：即我们究竟应该在何种维度上理解界面问题。一方面，界面问题是否只是一个简单的经验层面的知识论问题？似乎界面并不仅仅是感知者在尝试认知外部世界时才存在，即使我们只是单纯讨论知觉的现象特征，我们也会有“镜中月、水中花”与“花前月下”之别。另一方面，对界面问题的回应是否有必要上升到先验维度对意向性何以可能的探寻？当麦克道尔在一个先验维度考察界面问题时，他开出概念论的药方；然而似乎即便我们不按方抓药，也能找到异于麦克道尔的方法来打掉界面，从而主张我们可以直接知觉到外部世界。

上述对界面问题的反思可以让我们对直接实在论—间接实在论之争的本质有更全面的把握。在笔者看来，界面问题不能只做简单的知识论维度的理解，即它不仅仅反映了认知维度中心灵与世界之间可能存在的界面，它更揭示了形而上学层面心灵与世界之间可能存在的界面，认知意义上的界面归根结底导源于形而上学维度心灵与世界的鸿沟。因此，直接实在论—间接实在论之争的本质不仅仅是一个知识论问题，更是一个形而上学问题。

三　关系论 vs. 表征论

如果我们承认普特南和麦克道尔所做出的贡献，并且决意沿着他们指明的道路继续前进，那么我们就可以进入第三层争论，即我们究竟该如何实现对外部世界的直接知觉。

当前学界围绕这一问题存在两种对立的观点。一种是关系论

(relationalism)，主张知觉经验的本质是感知者与外部世界处于一种亲知关系之中，感知者通过达成这种关系来直接知觉外部世界。[①] 另一种是表征论（representationalism），主张知觉经验的本质是感知者形成对外部世界的表征，通过表征直接知觉外部世界。[②] 关系论与表征论的共识在于都承认直接实在论的洞见，即感知者对于独立于心灵的外部世界的知觉不依赖于对任何其他心灵中介的知觉。分歧在于对这种直接知觉达成的方式存在争议，关系论者认为这依赖于一种亲知关系的确立，而表征论者认为这依赖于表征的达成。[③] 当然，当下也有不少尝试融合两种理论的尝试，只是这些尝试或多或少都是以某种理论为基本盘，再兼顾其他理论的一些特点，很难实现真正的融合。[④] 某种意义上，第三层争论与第二层争论保持着紧密的联系，关系论似乎天然地更接近直接实在论的主张，而表征论似乎或多或少保留了间接实在论的直觉。

正如普特南对“直接实在论”的名称不满，笔者也不满“关系

---

① 关系论者的主要代表有 Campbell（2002，2010）；Travis（2004，2013）；Johnston（2004，2006）；Brewer（2006，2011）；Fish（2009）；Soteriou（2016）。

② 表征论者的主要代表有 McGinn（1982），Davies（1992），Tye（1995），Lycan（1996），Byrne（2001）。

③ 笔者这里将关系论和表征论的争论视为直接实在论内部围绕如何实现直接知觉的一个子争论，而在当下知觉哲学讨论中，这一争论也会被认为围绕着“知觉经验是否具有内容”展开的争论，参考文集 *Does Perception Have Content*? Berit Brogaard (edit), Oxford University Press, 2014。这两种理解本身并不冲突，笔者在第一章第三节讨论知觉经验的意向性时也部分涉及这一争论，而笔者之所以未选择该问题作为分辨两种立场的核心争论，一是笔者并不认为关系论者就必然需要否认知觉经验具有内容，在第一章中笔者认为这是知觉经验的特性，将关系论者定义为否认这一点会让其显得过于荒谬；二是笔者这里的处理可以将关系论—表征论之争与直接实在论—间接实在论之争相关联，从而保持全书问题意识的连续性。

④ 融合进路的代表有谢伦伯格（Susanna Schellenberg，2014）；罗格（Heather Logue，2014）以及后期的麦克道尔，尤其是他 2013 年的文章“Perceptual Experience: Both Relational and Contentful”是其融合两种观点的代表作。Genone 在其综述文章中对朴素实在论（关系论的代表）是否与表征论相容做出既有讨论总结，参考 Genone（2016：7－10）。

论”这一名称。因为从某种意义上讲，表征也是一种关系，只不过这种关系是一种认知意义上的意向性关系，它不要求意向对象必然是存在于周遭环境中的对象。而关系论者所说的“关系”特指亲知（acquaintance）关系，这是一种非表征关系，它要求两个关系项必须同时在场，否则无法达成。为避免混淆，笔者在后文中会减少使用“关系论”一词，而更多使用“朴素实在论”。

“亲知”一词的学术使用最早源于罗素，他做出著名的亲知知识（knowledge by acquaintance）和描述知识（knowledge by description）的区分。（Russell，1911：108－128）但罗素本人并非一个朴素实在论者而是一个感觉予料论者，他所说的亲知的对象不是外部世界中的对象和属性，而是感觉材料和我们自身的心灵状态。[①] 必须澄清的是，当代朴素实在论者只是借用了“亲知”这一名词，指代一种感知者与外部世界中的对象（而非感觉予料）的直接的有意识的觉知（direct conscious awareness）。[②] 这种有意识的觉知关系不同于表征这种意向性关系，它不强调感知者借助概念形成关涉某对象的表征，而是强调感知者直接有意识地面对（confront）该对象。与表征最大的不同在于，亲知关系强调被亲知对象的在场，这某种意义上使得朴素实在论更易于解释知觉经验的开放性（尤其是直接性），而表征论更易于解释知觉经验的意向性（尤其是具有意向内容）。

朴素实在论与表征论的争论将知觉哲学领域围绕实在论的三层争论推向了最高潮，问题被具体到我们究竟是以亲知还是以表征来实现对外部世界中的对象和属性的直接知觉。然而问题进展到这一

---

① 罗素对感觉材料的理解有一个转变的过程，而这也影响了他自己对亲知的理解。关于罗素自身对亲知的使用的梳理，参考 Thomas Raleigh（2019：4－7）。

② “亲知”一词得到最广泛使用，但并不是所有表达相同想法的人都用这一表述，其他术语还包括“纳入”（take in）（McDowell，1996：25）；“觉知或接受性”（awareness or receptivity）（Smith，2002：43）；“呈现”（presentation）（Martin，2004：38）以及“表象”（appearance）（Langsam，1997：36）。这些术语上的差异并不影响传统朴素实在论的核心想法的表达，即强调这种关系的直接性和非还原性。这里的梳理参考 Fish（2009：14，Note 19）。

步，困惑也随之产生，亲知和表征是不兼容的吗？亲知和表征是我们实现直接知觉的唯二选择吗？在第一章中，笔者归纳的标准三认为一个好的知觉理论应当同时兼顾知觉经验的开放性、意向性与可错性，而亲知与表征之争似乎让标准三被撕裂，朴素实在论在解释开放性上轻易得分，而表征论在解释意向性、可错性上更胜一筹。如何弥合这种撕裂，如何基于朴素实在论构建一种兼顾三种特性的知觉理论即本书接下来要做的工作。

第二节　朴素实在论—析取主义

承继上一节讨论，朴素实在论是笔者在本书中希望加以辩护和发展的形而上学立场。在哲学史中，正如其名称中“朴素”（naïve）[①] 一词所示，它一般被视为一种不那么具有说服力的立场。但在当代哲学讨论中，借由析取主义（disjunctivism）的兴起，朴素实在论重回知觉哲学讨论的中心，“朴素实在论（或类似的理论）是否为真的问题成为知觉哲学的核心问题”（Nudds，2009：334）。

本节即主要对朴素实在论—析取主义的历史与发展作一简要考察。[②] 首先笔者将简述朴素实在论的历史，梳理几位重要的朴素实在论者（部分人选可能与主流解读不同）。其次将考察当代朴素实在论如何借由析取主义获得复兴，笔者将对析取主义的立论动机、分类

---

① Naïve 在英文中有天真、幼稚的意思，汉译中有人译为“天真实在论”（参考孙宁译《三重绳索：心灵、身体与世界》），“天真”的翻译部分保留了 naïve 的负面含义。但是本书中更希望强调朴素实在论的正面意涵，即去掉冗余的哲学思考，故译为“朴素实在论”。

② 严格来说，朴素实在论与析取主义是两种不同的理论，本节后文会更详细地讨论两者的理论联系。这里用连词符串联两者，即“朴素实在论—析取主义”，意在表明本书在一种联合的意义上考察两种理论。

以及与朴素实在论的关系进行讨论。最后将概述当代朴素实在论的优势与困境，指明笔者的发展构想。

一 朴素实在论的历史

对朴素实在论的历史追溯要部分回退到对直接实在论的考察，因为撇开当代朴素实在论者在“关系论—表征论”之争的背景下对该名词的狭义使用，其精神内核在本质上与直接实在论一脉相承。在普特南看来，从亚里士多德时期就有直接实在论思想的萌芽：

> 然而，自笛卡尔之后，情况发生彻底的变化：直接实在论几近于退出舞台，直到二十世纪早期当威廉·詹姆士和由佩里（Ralph Barton Perry）领导的美国“新实在论”（以一种新形式）为之辩护，它才重返舞台。之后它又再次消失了（虽然罗素在《心的分析》中有力地回应了美国的新实在论），直到奥斯汀在《感觉与可感物》之中对常识实在论做出有力辩护后才重新出现。虽然近几年麦克道尔和我自己已经为不同的“直接”实在论（更确切地说是常识实在论）作了辩护，但当下英美心灵哲学的主流观点似乎仍是所谓的“笛卡尔主义兼唯物论”。（Putnam，1999：101）

通过罗伊斯讲座中这段简短的“直接实在论”哲学史回顾，普特南形象地展现了其门庭冷落的境况。普特南曾列出四位分享自然实在论直觉的哲学家：詹姆士、胡塞尔（Edmund G. A. Husserl）、维特根斯坦与奥斯汀。其中詹姆士是作为自然实在论的思想来源，同时也代表整个实用主义传统对普特南知觉观的影响。[1] 胡塞尔尽管在

① 关于实用主义（pragmatism）对普特南知觉观的影响，参考 Hilary Putnam，Ruth Anna Putnam（2017），特别是其中的“Pragmatism and Realism”一文。

杜威讲座中并未被加以展开，但在现象学传统中，胡塞尔的知觉观经由梅洛－庞蒂的演绎发展，亦具有强烈的直接实在论色彩。[①] 奥斯汀对朴素实在论遭受的传统反驳的回应得到普特南的赞赏，尤其是他对“来自幻觉的论证”的五点诊断非常精彩。[②] 维特根斯坦则是经由普特南对其后期哲学思想的重新解读，从反实在论立场之父重构为一个关于概念的朴素实在论者。[③]

笔者对普特南的哲学史梳理以及他寻求的盟友基本赞同，然而这里仍然尝试做一些不一样的工作。笔者将首先指出他忽略了一位笛卡尔的重要批判者托马斯·里德（Thomas Reid）[④]，某种意义上里德已经非常清楚地对普特南所谓的界面问题进行了阐述。其次笔者将寻求新盟友安斯康姆，并试图说明在澄清一个长久存在的误解后，其行动哲学中的朴素实在论洞见非常有助于我们关于知觉的讨论。最后笔者将说明何以麦克道尔更应被解读为一个朴素实在论者而非表征论者，其析取论立场与朴素实在论立场互为支撑，相得益彰。

---

① 参考 Maurice Merleau-Ponty（1945/2012）。分析哲学传统历来对现象学传统的资源缺乏足够的重视，而在笔者看来，梅洛－庞蒂的知觉观对麦克道尔的知觉观是非常好的补充，关于两者的比较研究，参考 J. C. Berendzen（2014）。

② 参考 Putnam（1999：27－28）。奥斯汀的原文参考：J. L. Austin（1962，Chapter 2）。笔者非常认同奥斯汀对“来自幻觉的论证”的分析，尤其是第四点和第五点分析，与麦克道尔的析取论核心想法有异曲同工之妙。关于奥斯汀与当代析取主义之间的关系，参考 Guy Longworth（2019：131－150）。

③ 参考 Putnam（1999：44－49）。维特根斯坦的原文参考其后期著作《哲学研究》。当代对维特根斯坦知觉观的研究愈发增多，参考 *Wittgenstein and Perception*, edited by Michael Campbell and Michael O'sullivan，Routledge Press，2015。笔者基本认同普特南对维特根斯坦的解读，但笔者认为维特根斯坦后期哲学思想中的朴素实在论（或者说常识实在论）思想更集中体现于 *On Certainty* 一书中，后文将在第四章回到这一点。

④ 在上述引文前的原文注释 22 中普特南引用了研究里德的相关文献，Cf. Putnam（1999：207），但是该注释注解的正文却是说历史上的直接实在论与间接实在论之争在中世纪仍在持续，而里德（1710—1796）是 18 世纪哲学家，且正文中对里德并无提及，因此普特南的确忽视了里德在这一问题中的贡献。

（一）托马斯·里德

里德的常识哲学被长久地不公正地忽略了[①]，其对笛卡尔体系的反思和批判是极其深刻的，笔者在此仅重点就里德对界面问题的阐发作一些说明。

里德在《论人的理智能力》[②]一书中曾总结了三条“从知觉与作用于感觉器官上的印象之间的关联引出的错误结论”：其一是“心灵是物质的，知觉是机械反应的结果”（p. 46），其二是“印象（impression）既作用于心灵，也作用于感觉器官”（p. 47），其三是“这些印象在大脑中造成意象（image），后者是知觉唯一的直接对象”（p. 50）。里德对这三条错误结论一一作了反驳，其中第三条与界面问题基本一致。

书中对第三条错误结论更精细的表述是：“凭借作用于大脑上的印象，知觉对象的意象就形成了；把大脑当作会客室而坐落在其中的心灵，直接知觉到的仅仅是那些意象，只有依靠它们，才能产生对外部对象的知觉。”（p. 50）里德将该结论拆分为三个要点加以考察：“第一，灵魂坐落在大脑中，或者用洛克的话说，它在大脑中有‘会客室’。第二，所有感觉对象的意象都在大脑中形成了。第三，心灵或灵魂在大脑中知觉这些意象，而且它并不直接知觉外部对象，仅仅是靠它们的意象才知觉它们的。”（p. 50）关于第一点，里德认为这超出了人类官能所能讨论的范围。关于第二点，里德认为“感觉对象的意象”本身就是有问题的，它是依据一种不可信的类比论证建立的。关于第三点，里德对错误本身的描述就非常契合普特南

---

① 对里德哲学的专业研究无论在国内还是国际上都长久地缺失，近年来开始有更多的关注者。关于里德常识哲学的国外研究可参考 Dalgarno, Melvin and Eric Matthews (eds.), 1989, *The Philosophy of Thomas Reid*; Terence Cuneo, René van Woudenberg (eds.), 2004, *The Cambridge Companion to Thomas Reid*。中文研究可参考张晓梅（2007）。

② Thomas Reid (1785/2002). 中译本为托马斯·里德《论人的理智能力》，李涤非译，浙江大学出版社 2010 年版。笔者在本书中对该书的引用均引自中译本。

的界面问题，这里的意象就是普特南所批判的界面[①]，对此里德认为“如果我们的知觉能力不完全是虚妄，那么知觉对象并非在大脑中，而是在我们身外”（p. 52）。

可以看出，尽管里德的讨论还是受限于其时代的哲学语境和科学水平，但是他已经对普特南所说的界面问题有了清晰的认识，并且坚定地主张知觉并不依靠意象这种心灵中介，而是直接通达外部世界中的对象，这已经是明确的直接实在论主张。更重要的是，里德在《论人的理智能力》中还特别强调知觉是心灵主动作为的结果，即使是被动的感觉，也需要意识专注才有形成对象的可能。[②] 里德的这一主张与笔者希望从行动重构知觉概念的想法不谋而合，后文将在第三章讨论知觉与行动的关系时再次回到他。

（二）安斯康姆

安斯康姆对许多人而言不仅不是朴素实在论者，反而应该是表征论的鼻祖，他们大多依据其在“The Intentionality of Sensation：A Grammatical Feature”（Anscombe，1965/1981）一文中区分了意向对象与物质对象，而将其视为表征论的代表。在笔者看来，这即使不是一种严重的误读，也至少是非常片面的理解。

表征论者将安斯康姆视为盟友的最大问题在于忽视了她对意向性的使用不同于布伦塔诺意义上的使用，她的知觉意向性（intentionality of perception）与行动意向性（intentionality of action）概念是同源同构的。在文章开头她谈及汉密尔顿（William Hamilton）试图将“inten*t*ional”的拼写改为“inten*s*ional”，以使得“intension”与

① 在笔者的理解中，里德区分了印象（impression）与意象（image），前者与知觉紧密联系，而后者则应完全摒弃。值得注意的是，尽管否认印象是一种中介，但对于印象的本质，里德认为我们一无所知，只是出于造物主的意志它才与知觉紧密联系（《论人的理智能力》，p. 52）。这一点体现了里德知觉理论中的宗教色彩，也体现了其局限性。

② 参考张晓梅（2007，第二章）。张晓梅特别指出了相较于早期《按常识原理探究人类心灵》中的自然符指说，里德在后期更成熟的《论人的理智能力》中的知觉观更适合回应怀疑论。笔者非常赞同这一判断。

"extension"看起来相似。对此安斯康姆表示"我倾向于保留两个 t 的传统拼写。因为那个单词的使用和与行动相关联的通行使用是相同的"（Anscombe，1965/1981：4）。这表明在安斯康姆看来，知觉语境中的意向性讨论与行动语境中的意向性讨论有着紧密的联系。

她列举了关于行动意向性描述的三个特点（p. 4）：

（1）并非任何关于你所做事情的为真描述都将其描述为你所意图的行动：只在特定描述下你的行动才是有意的；

（2）关于你的有意行动的描述可能是模糊的，不确定的；

（3）关于有意行动的描述可能不为真，你做了某事，但你意图去做的事却并未发生。

与关于行动意向性描述相对应的是关于知觉意向性描述的三个特点（pp. 4–6）：

（1*）关于知觉对象可能存在诸多为真的描述，但只在特定描述下该对象才是你的意向对象；

（2*）关于意向对象的描述可能是模糊的，不确定的；

（3*）关于意向对象的描述可能未必有对应的物质对象，你可能处于幻觉与错觉之中。

可以明显看出，上述知觉意向性与行动意向性之间形成了一种"类比意义上的统一"（analogical unity）。（Christopher Frey and Jennifer A. Frey，2017）对应上述三个特点，其实这里安斯康姆讨论的是一种内涵式及物动词（Intensional Transitive Verbs），这类词项有三大特征：（i）内涵语境中同指称词项替换不保真；（ii）所接直接宾语的不确定性；（iii）所接直接宾语的指称可能不存在。这基本对应了关于行动和知觉的意向特征的描述，在安斯康姆看来，描述行动和知觉的动词都可以归为这一类内涵式及物动词。

将安斯康姆视为表征论者的人只关注了关于知觉意向性描述的（3*），认为安斯康姆主张无论是真实知觉还是幻觉、错觉中都存在意向对象，它就类似于表征，在知觉解释中扮演着相同的解释角色，因此她肯定是表征论者。这种理解忽视了安斯康姆的知觉意向性特征是通过与行动意向性系统的类比得到的，而在关于行动意向性的讨论中，安斯康姆表现出强烈的朴素实在论倾向，例如她特别强调行动的意图并非某种内在的心灵话语，而是展现于行动之中。[①] 而如果我们承认其关于行动和知觉的思考具有某种连续性，我们就很难说她在行动与知觉的讨论中持有完全相反的立场。

在笔者看来，正如文章副标题“一个语法特征”所示，这篇文章讨论的知觉意向性特征是在考量使用诸如“看到”等知觉词汇时的语法规则。因此，安斯康姆做出的两种对象的划分（意向对象和物质对象），不能理解为在客观世界中有两类不同的实体（entities），而要始终记得这是一个语法层面的区分，至多只是指在运用知觉词汇时要区分所接的两类宾语。

笔者在第三章构建自己的基于行动的朴素实在论时，尤其是对行动的意向性特性的讨论，会特别倚重安斯康姆的分析。

（三）麦克道尔

麦克道尔虽被普特南视为盟友，但是他的概念论主张使其长久以来被认为是表征论的代表人物，然而在笔者看来，这无疑掩盖了他析取论中深厚的朴素实在论色彩。

在《心灵与世界》第二讲中麦克道尔讨论如何回避观念论，其核心想法是“个体可以将事物是怎样的纳入经验之中（taking in *how things are*）”。尽管我们承认存在被误导的可能，“但当没有被误导时，我们的知觉内容，通常表述为‘事物是如此这般’（that things are *thus and so*），同时也是世界布局的一个面向：它就是事物是怎样的（it is *how things are*）。”（p. 26）

在这一点上他承继了维特根斯坦的想法，正如他引用的维特根斯坦《哲学研究》中的名句：“当我们说并且意指：情况乃是如此

① 参考 Anscombe（1963/2000）. 安斯康姆在本书中对有意行动作了详尽的分析，本书第三章关于有意行动的讨论特别倚重安斯康姆的分析。

这般，我们以及我们意指的东西不会在事实面前止步不前。”① （第95节）麦克道尔将此理解为思想与世界之间不存在本体论鸿沟（ontological gap）：“在个体能够意指的东西，或更普遍的能够思考的东西，与是其所是的事实之间没有本体论鸿沟。当个体正确地思考时，个体思考的内容就是事实本身。因为世界是事实的总和，因此思想与世界之间不存在鸿沟。”（p. 27）

在笔者看来，这正体现了他析取论中的朴素实在论思想。他的“纳入”（taking in）与朴素实在论者主张的“亲知”概念十分相近，都是在知觉经验中向世界敞开。值得注意的是，尽管麦克道尔仍会强调这里的“纳入”是借助于概念能力，但在后期文章中他已经放弃早期概念论中所主张的知觉经验的内容应当是命题内容（propositional content），转而主张其是一种康德意义上的直观内容（intuitional content）。所谓直观内容，麦克道尔特别强调我们需要“忘记其英文单词带来的诸多哲学共鸣……直观（Anschauung）就是将对象纳入视野（having in view）”（McDowell，2009b：260）。显然，麦克道尔的这一改变正凸显了他对素朴实在论立场的亲近。他将这种转变归于特拉维斯（Charles Travis）的影响，特别是在2013年的文章中他主张知觉经验既是关系性的又是富有内容的，更表明他对特拉维斯反表征立场（Travis，2004）的吸收与认可。（McDowell，2013b）在笔者看来，这其实体现了后期麦克道尔在自己的析取论中融入了更多的朴素实在论（关系论）思想，而逐渐远离表征论。②

二　朴素实在论的复兴：析取主义

尽管历史上的朴素实在论名誉不佳，但是近年来朴素实在论却有复兴的迹象，其中很大一部分原因要归功于析取主义（disjunctiv-

---

① 译文参考维特根斯坦（2017）。

② 参考麦克道尔、唐浩等（2014）。

ism）的兴起。公认析取主义最早由辛顿（J. M. Hinton）提出[①]，继而由斯诺登（Paul F. Snowdon）、麦克道尔和马丁等人发扬光大，如今在心灵哲学、知识论等领域获得广泛的讨论。

遗憾的是，析取主义事实上是一个非常松散的联盟，被归于这一名称之下的析取主义者在很多方面并未达成共识。他们可能只是在一个消极议题上达成了共识，即主张真实知觉、幻觉和错觉在某些方面存在重要的不同，因而不能从根本上划分为同一基本类。除此之外，析取主义者在诸如知觉经验的本质等积极议题上并未达成广泛的共识，不同析取主义者的问题意识不同，因而对进行析取分析的对象也有着不同的看法。因此，可能持有非常不同的知觉理论的研究者却可以同时被称为析取主义者。

鉴于这略显杂乱的现状，笔者在这里试图提供一些简要的梳理，以期对析取主义如何复兴朴素实在论作一简要的说明。

（一）析取主义的动机：反对共同类假设

我们首先尝试弄清析取主义的理论动机，这可能要从辨析析取主义者所谓的消极共识是什么开始。在笔者看来，至少下述两个表述应当加以区分：

共同类假设（Common Kind Assumption，CKA）[②]

真实知觉、幻觉和错觉本质上归属于同一基本类。

---

① 参考 Hinton（1967），辛顿被公认为知觉哲学领域的析取主义之父，但是普特南认为奥斯汀可以作为析取主义的祖父，其 *Sense and Sensibilia* 一书中已有析取主义的萌芽，参考 Putnam（2016：155）；另外，特拉维斯曾将弗雷格认作析取主义之父，参考 Travis（2013：59）。抛开戏谑成分，这些“认祖归宗”的讨论反映了析取主义的核心思想其实在哲学史上有诸多呼应，其内涵可以有更丰富的演绎，但本书只是在当代析取主义的论域下讨论，并未做更多的历史讨论。

② 参考 Snowdon（2005a：136）。对这一假设其实有相当多的表述形式，例如这里是以基本类作为划分依据，而有些文献中则表述为三种情形中的感知者处于同一心灵状态（mental state），参考 Fish（2010：4）。笔者选择共同基本类作为标准表述，是因为基本类的表述相对更宽泛，包容性更强。

最大共同因素原则（the Highest Common Factor Principle，HCF）①

感知者在好情形中反思可通达的事实至多只能与其在坏情形中反思可通达的事实一样多，因此感知者在好情形中获得的认知支持只能与其在坏情形中获得的认知支持一样多。

CKA 所说的基本类（fundamental kind）是一个形而上学分类，支持这一假设的直觉一般有两个：一是就感知者的现象感受而言，支持者认为感知者在真实知觉、幻觉和错觉中的现象感受是主观不可分辨的（subjective indistinguishable），因此三者归属于同一基本类；二是就经验本身的因果解释而言，支持者认为尽管真实知觉与知觉错误情形的外部世界情形不同，但是三者位于大脑中的近端原因（proximate cause）相同，相同的近端原因则应当给予相同的解释，因此真实知觉与知觉错误归属于同一基本类。笔者在第三节对“来自幻觉的论证”的两种重构（现象—幻觉论证和因果—幻觉论证）即基于这两种不同的直觉，届时将对两种直觉做出更多的说明。

HCF 和 CKA 不同，它关注的是知觉经验的认知特征，是感知者在不同情形中的认知状态。HCF 中的核心是反思可通达（reflective accessible），它意味着 HCF 是基于一种对认知辩护的内在论解释。②认知辩护的外在论者可以直接否认 HCF 是一种合理的原则，因为在他们看来，好情形和坏情形的外部条件不同直接决定了不同情形中可获得的认知辩护不同。而对内在论者而言，HCF 的核心直觉建立在好情形和坏情形中的感知者拥有的内在心理表征（亦即普特南所

---

① 最大共同因素原则来自于麦克道尔，最早的表述见于 McDowell（1982/1998：386），这里的表述是笔者自己的总结，部分参考了普里查德的表述，见 Pritchard（2012：41）。

② 这里的内在论是将“反思可通达”作为评判某辩护是否是内在辩护的标准，被普里查德称为通道论（Accessibilism）。他还区分了另一种内在论表述，即心理论（Mentalism），该理论认为一个认知辩护是内在的仅当它完全由认知者的心理状态构成。（Pritchard，2012：36－37）不同的内在论理解方式对普里查德解释他自己的知识论析取主义主张有影响，这里提及这个区分则是因为它同样会影响我们对 HCF 的理解。

说的界面）是一致的，进而感知者的内在认知状态是一致的。[①]

CKA 是一个形而上学主张，而 HCF 是一个知识论主张，对上述两个原则的反驳分别构成了形而上学析取主义和知识论析取主义的核心要义。综合而言，析取主义的核心要义可一言以蔽之："好坏有别，对错有分。"形而上学层面"好坏有别"，析取论者反对共同类假设，认为好情形（真实知觉）和坏情形（幻觉、错觉）本质上不属于同一基本类；知识论层面"对错有分"，析取论者反对最大共同因素原则，主张感知者在好情形中获得的认知支持优于坏情形中获得的认知支持。

（二）形而上学析取主义与知识论析取主义

抛开消极共识，析取主义者因问题意识不同而对析取分析的对象有不同的理解，例如有关于知觉经验现象特征的析取主义，也有关于知觉经验意向内容的析取主义，还有关于认知支持的知识论析取主义。[②] 笔者对这些烦琐的分类不作进一步整理，而着重讨论形而上学析取主义与知识论析取主义的异同与联系。

形而上学析取主义主张真实知觉、幻觉和错觉的形而上学本质不同，因而不能被划分为同一基本类。其主张具体可表述为：对一个知觉表象而言，它要么是真实知觉，即看到 p（seeing that p），要么只是看起来似乎是 p（merely seeming as if p）。

知识论析取主义主张感知者在真实知觉、幻觉和错觉情形中能够获得的认知支持不同，因而三种情形的认知意义（epistemic significance）不同。其主张具体可表述为：在真实知觉中，感知者拥有的关于信念 p 的认知支持是反思可通达的（reflective accessible）且是

---

① 关于好、坏情形中认知者的内在认知状态不可分辨究竟如何理解，参考陈仕伟（2018）。该文对"内在不可分辨"做出了两种解读，一是仅现象主观感受不可分辨，这未必包括信念状态；二是整个心理状态不可分辨，这就包括了信念状态，后者对知识论析取主义的挑战更强。

② 关于析取主义分类的讨论参考斯坦福哲学百科词条的第二节。参考 Soteriou, Matthew（2020）.

事实性的（factive），而在幻觉或错觉中，感知者不拥有相应的事实性认知支持。

关于形而上学析取主义与知识论析取主义的关系问题，笔者与当下主流的观点并不一致。多数析取论者认为知识论析取主义可以逻辑地独立于形而上学析取主义，任意立场的支持者都可以对另一方保持中立。（Pritchard，2012：23－25）形而上学析取主义主张真实知觉、错觉与幻觉的形上学特征本质上不同，因而不能被归为同一基本类；而知识论析取主义则强调不同知觉状态中感知者所获得的认知支持存在差异，因而不能被归为同一基本类。一方面，即使真实知觉与幻觉、错觉共享了某些基础的形上学特征，这些形上特征也并不必然对知觉经验能够提供多少认知支持产生直接影响，所以形而上学析取主义者无须是一个知识论析取主义者；另一方面，影响知觉经验认知属性的特征也并不必然是基础性的，因此知识论析取主义者也并不必然是一个形而上学析取主义者。

但在笔者看来，两者逻辑独立的理由只陈述了一半的实情。另一半事实是，知识论析取主义所宣称的三种情形中知觉经验所能提供的认知支持存在差异，这本身也需要一个合理的解释，而这个解释必然依赖三种知觉经验的形而上学特征的差异。换言之，形而上学析取主义为知识论析取主义主张的合理性提供了最好的解释，两种理论间存在某种解释关联①。在笔者看来，为了更清晰地刻画两者关系，我们需要区分两种强弱版本的形而上学析取主义：强版本的形而上学析取主义主张三种情形中知觉经验的形而上学特征本质上存在不同，因而三种知觉经验不能归为同一类；而弱版本的形而上学析取主义并不要求三种情形中知觉经验的形而上学特征存在本质上的不同，它对何为更基本的特征并不在意，而只关心作为认知属性基础的形而上学特征，主张至少这些形而上学特征应当是不同的。不难看出，强版本立场面临的问题是难以判断何为更本质的形上特

① 参考 Casey Doyle，Joseph Milburn and Duncan Pritchard（2019：10－11）.

征，而弱版本立场则规避了这一问题，更清晰地将自己定位为一种奠基性立场。知识论析取主义可以逻辑独立于强版本，却必然依赖于弱版本的形而上学析取主义。[①]

（三）朴素实在论与析取主义的关系：何以言“复兴”？

严格来说，朴素实在论蕴含析取主义，因为朴素实在论主张真实知觉中感知者的知觉经验包含了对外部世界中的对象或属性有意识的感官觉知，而幻觉、错觉中并不包含相应的感官觉知，因此三者并不归属于同一基本类，这符合析取主义依据消极议题的定义。析取主义却并不一定蕴含朴素实在论，因为析取主义的消极议题只是做出了否定性的陈述，只是否认真实知觉、幻觉和错觉可以归为同一基本类，但析取主义者并没有在积极议题中达成一致，他们并未对真实知觉中感知者的知觉经验是怎样做出确切的肯定性描述，并没有说真实知觉中感知者一定是亲知了外部世界中的对象，因此严格来说部分析取主义者可以与表征论相容。[②]但事实上，主流的析取主义者都采用了朴素实在论的立场，例如马丁（Martin，2002；2004；2006）、费希（Fish，2009；2010）等人将利用形而上学析取主义作为一种辩护朴素实在论的策略，麦克道尔（McDowell，1982；1986；1995）的知识论析取主义中蕴含着朴素实在论思想。[③]

---

① 笔者这里的结论或许过于抽象。索特努（Matthew Soteriou）在其专著中具体以麦克道尔的知识论析取主义为例，详细地讨论了它是否需要相应的形而上学承诺，参考 Soteriou（2016：206－208）。这一问题严格来说取决于不同学者究竟持有何种知识论析取主义立场以及如何进行相关表述，麦克道尔自己的表述在笔者看来显然包括了相应的形而上学承诺，但这并不意味着所有自称从他的理论中获得洞见的学者都需要做出相同的形而上学承诺。因此严格来说这一问题仍然是开放的。

② 参考 Fish（2009：37，Note 6），费希援引了 Byrne and Logue（2008）的观点，即尽管真实知觉与幻觉存在重要不同，但还是可以有某种相同的心灵构件。

③ 塞迪维（Sonia Sedivy）将麦克道尔的实在论思想解读为一种“概念实在论”（conceptual realism），并认为它与朴素实在论存在较大的不同，参考 Sedivy（2019：153－168）。笔者部分同意塞迪维的分析，麦克道尔的朴素实在论思想的确与其概念论主张有深度的结合，但是是否应当称之为“概念实在论”则有待商榷。

笔者的基本观点是析取主义“复兴”了朴素实在论，这种“复兴”不仅体现在话题热度上的回暖，更重要的是析取主义旗帜鲜明地反对共同类原则，这为朴素实在论的回归提供了可能。

当代朴素实在论主张“知觉经验必然地由对独立于心灵的物体和属性有意识的感官觉知构成”（Genone，2016：7）。这一主张长久以来被认为“天真”之处在于坚持幻觉、错觉中这种有意识的感官觉知是缺失的，而我们的知觉理论建构中长久以来都尝试为真实知觉、幻觉和错觉提供一种单一的解释模型，这种理论诉求或许出于一种对理论简洁性的病态诉求。[①] 显然朴素实在论满足不了这一要求，因而长久地被弃之如敝履，直到析取主义讲明“好坏有别，对错有分”，破除了追求单一解释模型的迷魅，朴素实在论的洞见才得以被重新发现。

三　朴素实在论的优势与困境

在笔者看来，当代朴素实在论的优势一言以蔽之：它真正从形而上学（本体论）维度彻底打破了传统知觉哲学在感知者与世界之间人为制造的隔阂，成功地将世界纳入感知者能够控制的经验之中。

进入20世纪哲学史，可以说打破“知觉之幕”已经成为知觉哲学研究者的共识，例如表征论其实也强调将世界纳入视野之中。不同之处在于，表征论者仍然是外在于世界的，他们通过表征的方式构建了一个自己的世界，这个世界在某种意义上可以看作对真实世界的模拟。不管这种模拟何其逼真，不管表征论者如何声称这就是一种对于外部世界的直接知觉，它总归不是真实世界本身，因此总是存在出错的可能。麦克道尔的析取主义部分地消解了这种对于可错性的焦虑，他强调可错性是就我们的认知能力而言的，是我们作为生物个体和理性存在者的双重有限性的体现。

① 这一论断受到里德对笛卡尔体系的评价三的启发，参考《按常识原理探究人类心灵》，第262页。

但当我们并未受到干扰时，我们的知觉经验内容“世界是如此这般”与真实世界中“世界是如此这般”之间不存在本体论鸿沟。笔者支持麦克道尔的观点，但强调朴素实在论而非概念论思想在这里做出实质性的贡献。显然，朴素实在论的立场要比表征论的立场更利于说明我们通过知觉与世界发生了直接的接触，我们就在世界之中。

伴随着这种形而上学优势而来的是知识论层面的优势，在朴素实在论的框架下，世界本身为我们的知觉知识提供了事实性辩护。熟悉康德—塞拉斯传统的学者可能会质疑这里存在滑向“所予神话”的风险，即使世界中的物体或属性作为知觉经验的构件出现在知觉经验之中，却未必进入了我们的理由空间，因此未必能够直接给我们提供对相关知觉信念的辩护。这种质疑是合理的，但这并不意味着我们就必然要倒向表征论，也并不意味着只有在语义概念层面重构或表征外部世界，才能进而使得我们的信念获得相应的辩护。这样做有损于朴素实在论提供给我们的直觉：是世界本身（而非我们对世界的表征）回应了我们对世界的探询，确证了我们的信念。

就个人而言，笔者非常希望保留朴素实在论这种知识论层面的直觉，但同时也很尊重塞拉斯对“所予神话”的批判。在这一点上，笔者认为自己希望发展的基于行动的知觉理论，既保留了朴素实在论的直觉，又完美地回应了“所予神话”式的诘难。因为行动本身既是具身的，它发生于世界之中，包含了对世界中的对象或属性的觉知作为其构件；同时又是具有意向性的，进而寓于行动之中的构件都被归置于理由空间之中。行动概念自身具有的这种双重特性，使得它成为勾连理由空间与律则空间的绝佳模型。基于行动的知觉理论，与朴素实在论完美相融，同时又吸纳了概念论的理论优势，因而是一种更优秀的解释知觉经验的理论框架。笔者将在第三章详细论述如何构建基于行动的新朴素实在论。

第三节　形而上学难题：知觉错误的挑战

在结束对朴素实在论—析取主义的一般考察后，笔者将分别从形而上学和知识论维度讨论针对朴素实在论—析取主义的难题。[①] 本节主要关注形而上学难题，即朴素实在论如何应对知觉错误情形给真实知觉带来的挑战以及如何对知觉错误情形做出合理的解释。

具体而言，笔者将问题分解、重构为四个围绕幻觉和错觉构建的反驳论证。首先笔者将传统讨论中的“来自幻觉的论证”依据不同的直觉分别重构为现象—幻觉论证和因果—幻觉论证，前者依赖于真实知觉与幻觉中感知者的现象感受主观不可分辨，后者依赖于真实知觉与幻觉的近端因果匹配。两个论证虽然结构类似，其中幻觉却以不同的方式给真实知觉带来问题，且对如何合理解释幻觉带来不同的挑战。其次笔者将讨论一个基于朴素实在论对因果—幻觉论证一般性回应之上的二阶反驳论证，即解释冗余论证，该论证最清楚地展现了传统朴素实在论面临怎样的解释困境。最后笔者将简要讨论“来自错觉的论证”，将其重构为错觉论证，说明它与幻觉论证的不同。[②]

这四个反驳论证共同构成了知觉错误问题从形而上学层面给朴素实在论—析取主义带来的挑战，它逼迫朴素实在论—析取主义反思自

---

① 严格来说，无论是第三节涉及的“来自幻觉的论证”和“来自错觉的论证”，还是第四节彻底怀疑论的挑战，都并非朴素实在论—析取主义独有的问题。如第一章标准一所述，任何一个好的知觉理论都应当分别对真实知觉、幻觉和错觉给出合理的解释，同时以各自的方式应对幻觉和错觉给真实知觉带来的挑战。但出于本书的论证目的，第三节对“来自幻觉的论证”和“来自错觉的论证”这两个经典论证的重构，以及第四节对彻底怀疑论论证的构建，都特别针对朴素实在论及其对应的知识论析取主义而优化，其结论都与朴素实在论—析取主义的核心主张相违背，从而使得回应这些论证成为朴素实在论—析取主义的理论义务。

② 在笔者看来，“来自幻觉的论证”与“来自错觉的论证”对朴素实在论的影响只有程度上的差异，且幻觉是一种更典型和极端的情况，因此本书的讨论都以幻觉论证为核心，而错觉论证只在必要时提及，不作过多讨论。

己知觉经验的本质是关系属性和“好坏有别”的核心论点是否立得住，以及在维护这两个核心论点的过程中有哪些利弊得失需要平衡。本节聚焦于问题的呈现，随后笔者将在第三章集中回应这些挑战。

一 现象—幻觉论证

传统的“来自幻觉的论证”一般具有两个条件：一是可能性条件，说明幻觉情形是可能的，且幻觉具有真实知觉无法或不应具有的特点，例如幻觉中外部知觉对象不存在；二是传递性条件，说明幻觉如何给真实知觉带来麻烦：根据幻觉与真实知觉的某些共性，我们应当对它们作同样的解释。[①] 最终得出的结论往往是真实知觉具有某种它本不应具有的属性。

我们可以得出如下一般结构：

“来自幻觉的论证”的一般结构

条件 A：幻觉是可能的，且幻觉具有属性 h；

条件 B：因为幻觉与真实知觉共享某些基础性要素，所以我们应该给予它们相同的解释；

结论 C：真实知觉也具有属性 h，幻觉与真实知觉属于同一基本类。

条件 A 通常不会被质疑，因为正如第一章中所述，幻觉是一种知觉错误，而作为有限的生物个体和有限的理性存在者，我们的知觉经验当然是可能出错的，因此不太有人会质疑幻觉的可能性。需要说明的是，这里的可能性不仅是一种常识意义上的可能性，也是一种哲学论证意义上的可能性。作为一种“哲学家的幻觉”（Robinson，2013：313），它并不关心现实中幻觉究竟如何发生，并不从

---

① 这里的总结参考了 Smith（2002，Chapter 7）。这里粗略的两个条件的划分，斯诺登曾将其表述为基础案例（the base case）和延展步骤（the spreading step），参考 Snowdon（2005b：285－305）。

科学意义上讨论诸如致幻剂等是否能够造成幻觉。条件 A 中幻觉具有的属性 h 一般是指“在幻觉情形中感知者无法知觉到外部世界中的对象”，这是幻觉与真实知觉最主要的不同之处。当然，不同的理论支持者可以根据自己的论证目的对属性 h 进行不同的定义，例如罗宾逊作为当代感觉予料论者就将属性 h 定义为“幻觉包含某些主观图像或感觉材料”（Robinson，2013：314）。

条件 B 是论证的核心条件，幻觉正是通过这个传递性条件给真实知觉带来麻烦。条件 B 中“给予它们相同的解释”通常是指对真实知觉与幻觉的现象特征给予相同的解释，换言之，即依据其形而上学本质将真实知觉与幻觉划归为同一基本类（共同类假设）。而“共享某些基础性要素”则是支持共同类假设的理由，这里的“基础性”体现在这些共享的要素可以决定幻觉与真实知觉的形而上学本质，只有这样，我们才有理由给它们相同的解释，将它们划归为同一基本类。一般而言，这种基础性要素既可以是两种情形中感知者的主观现象感受（现象—幻觉论证），也可以是两种经验的近端原因（因果—幻觉论证），下文的两种重构即基于这两种不同的基础性要素分别构建。

结论 C 违反我们关于真实知觉的直觉，从而构成矛盾。出于不同的论证目的，结论可以得到不同的表述，本节的论证重构都是为了反驳朴素实在论—析取主义，所以两个重构的幻觉论证其结论都是对朴素实在论—析取主义核心主张的直接否定。

这里首先考察现象—幻觉论证。

（一）重构论证

具体而言，我们可以基于“现象感受主观不可分辨”对“来自幻觉的论证”作如下重构[①]：

---

① 现象—幻觉论证的重构部分参考了 Martin（2004）的论证，马丁则参考了 Robinson（1994）的因果论证。但马丁的论证一是没有区分现象—幻觉论证和因果—幻觉论证，二是过于烦琐，不便于讨论。因此笔者作了必要的简化，最终形成了这个重构。

现象—幻觉论证（Phenomenal-Hallucination Argument）

P1. 理论上我们可以通过激活某个大脑神经过程而产生令感知者主观上无法将其与真实知觉分辨开的幻觉，在幻觉中无法知觉到外部世界中的对象；

P2. 感知者在幻觉中和真实知觉中的现象感受主观不可分辨；

P3. 如果感知者在两种经验中的现象感受主观不可分辨，那么两种经验的现象特征一致，我们就应当对两种经验的现象特征给出相同的解释；

因此，P4. 真实知觉与幻觉属于同一基本类，真实知觉中也无法知觉到外部世界中的对象。

P1 即本论证中的可能性条件，这属于经典的缸中之脑（Brain In Vat）思想实验构造幻觉的方式。当然根据不同的思想实验，这一条件可以被任意改写，只要保留条件 A 的要素即可。

P2 和 P3 共同构成本论证中的传递性条件。P2 描述了一个客观事实，即真实知觉与幻觉中感知者无法依据自己的现象感受来区分自己是在幻觉中还是真实知觉中。P3 则是说依据这一事实可推出两种经验的现象特征一致，因此我们应当对真实知觉与幻觉的现象特征给出相同的解释，进而得出结论 P4。

P4 特意表述为共同类假设，而朴素实在论—析取主义的核心要义即反对共同类假设，因此整个现象—幻觉论证是一个有效的针对朴素实在论—析取主义的反驳论证。

（二）对“现象感受主观不可分辨”的辨析

对 P2 和 P3 的分析，其要义在于辨明“现象感受主观不可分辨”的含义及其合理的后承，并探明这一论证的反驳效力的深层来源。

首先我们应当厘清“不可分辨”的定义，威廉姆森曾做过如下定义：

> 对某主体在某时刻而言，a 无法与 b 区分，当且仅当，在该时刻该主体没有能力区分 a 和 b，换言之，当且仅当在该时刻该主体无法激活（获得或启用）相关知识以辨明 a 与 b 是不同的。[①]（Williamson，1990：8）

费希（2008）在对上述定义作分析时指出该定义存在双重相对性：一是主体相对性，即两个对象是否可分辨是与认知主体相关的，不同主体可能有不同的表现；二是时间相对性，即同一认知主体可能在不同时刻表现不同。这些相对性的存在提示我们通常在分辨两个对象时存在多个影响因素，例如（1）感知者的分辨能力（与感知者自身的感知/认知能力乃至背景知识有关[②]）。（2）观察环境（与观察者所处的环境乃至被观察对象呈现的方式有关）。（3）对象自身的相似性（两个对象越相似，越难以分辨，等同的对象原则上无法分辨）。

当我们综合考虑这些因素时，我们需要辨明“两者不可分辨”不等于“两者等同”：经验 a 与 b 对感知者而言不可分辨，并不等于经验 a 与 b 就是等同的。等同关系具有传递性，a = b，b = c，则 a = c；而不可分辨却并不一定具有传递性，a 与 b 不可分辨，b 与 c 同样不可分辨，但 a 与 c 却未必不可分辨。等同关系蕴含两者不可分辨，但反之不成立，因为能否分辨不仅涉及被比较对象的客观属性的相似程度，还涉及感知者的主观感知/认知能力以及观察环境。[③]

---

① 引文转引自 Fish（2008：146）。威廉姆森在 *Knowledge and Its Limits* 的第八章讨论怀疑论时对“不可分辨”有进一步讨论，特别强调了不可分辨存在一种隐藏的非对称性，坏情形中的感知者无法将自己所处情形与好情形区分开，但这并不意味着好情形中的感知者无法将自己所处情形与坏情形区分开。（Williamson，2000：164 – 168）本书将在第三章回应现象—幻觉论证时回到这一点。

② 威廉姆森的定义中只强调了运用相关知识，这是受威廉姆森自己的讨论语境限制，他是在知识论语境中进行探讨，而笔者这里加入了感知能力。

③ 费希对“不可分辨”与“等同关系”也有比较讨论，他的基本观点是至少“不可分辨蕴含现象特征的等同”不是一个依概念为真（conceptual truth）的事实，参考 Fish（2009：81 – 84）。

这些主体性影响因素的存在促使有人尝试区分两种“不可分辨”：一种是“局部不可分辨”（local indistinguishability），是指这种不可分辨通常归因于感知者的分辨能力或观察环境；另一种是“去人称的不可分辨”（impersonally indistinguishability），这种不可分辨通常不考虑主体性和环境性影响因素，而只归因于被比较对象自身的客观属性的相似乃至等同。①

回到现象—幻觉论证，P2 的表述是“感知者在幻觉中和真实知觉中的现象感受主观不可分辨”，其中“现象感受”表明被比较的对象是真实知觉与幻觉中感知者当下的现象感受，例如我觉得自己看到或听到了什么，这略微有别于两种经验自身的现象特征，而“主观”意味着这种比较是由感知者依靠自身的感知/认知能力从第一人称视角做出的判断，通常体现为内省的方式。不难看出，参照上述关于“不可分辨”的分析，论证中 P2 的表述给朴素实在论者留出大量的空间来回应该论证。只要“不可分辨”不被理解为“去人称的不可分辨”，我们似乎就可以阻断 P3 中从“不可分辨”到“给出相同解释”的推论，因为“不可分辨”的原因可能是感知者的感知/认知能力的缺陷或环境性因素，而并非两种经验本身有何种相似性或等同，因此不妨碍我们给出不同的解释。②

在笔者看来，这样的回应看似点出了 P3 中可能存在的跳跃，但其实并未真正领会现象—幻觉论证背后的精义。首先，回顾第一章

---

① 参考 Smith（2008：187）。其中“去人称的不可分辨”最早来自马丁，参考 Martin（2006：381），但史密斯对这个词的使用其实略不同于马丁，本书的使用遵循史密斯的用法。

② 析取主义者当然不会放过这一反驳策略，例如朗沃斯（Guy Longworth）就认为要区分“辨别性差异”（distinguishable difference）和“质性差异”（qualitative difference），他借用奥斯汀的资源来说明缺少前者是由于内省作为一种认知能力是有限度的，因此真实知觉和幻觉主观不可分辨并不意味着两者缺少质性差异，从而否定现象幻觉论证中的 P3。（Longworth，2019：131 - 150）笔者对这种回应策略持保留态度，一方面本书接受内省是有限度的，这体现了我们作为理性存在者内在的有限性；但另一方面这种回应至多只是说认知上的主观不可分辨可能是由于内省的有限性，却并没有说明感知（sensory）上的主观不可分辨的缘由，因此现象—幻觉论证仍有可能成立。

关于现象特征的讨论，现象—幻觉论证的支持者可以强调知觉经验的现象特征就是在相应条件下感知者所能感知的主观现象感受。其次，尽管感知者不能分辨真实知觉与幻觉可能是出于自身感知/认知能力的缺陷，但在给定感知者一切能力运作良好的前提下，我们同样可能无法分辨，因此我们无法排除是真实知觉与幻觉自身的现象特征一致的可能性。最后，这种回应缺乏对现象—幻觉论证精髓的把握。该论证中 P1 展现了知觉经验的可错性，而这种可错性的根源在于感知者作为生物个体和理性存在者的双重有限性，P2 的客观事实更是对这种有限性的集中体现。整个现象—幻觉论证的反驳效力就体现在我们需要承认这种有限性。在此基础上，即使“不可分辨”逻辑上并不等同于“等同关系”，但是对身处真实知觉或幻觉之中的感知者而言，除了当下对他们而言（第一人称视角）是一样的主观现象感受之外，还有什么资源能够帮助他们来确定两种经验是否是同一类呢？他们根据自己有限的资源，自然倾向于给出真实知觉与幻觉属于同一类的结论。值得注意的是，真实知觉与幻觉中从感知者第一人称视角而言现象感受不可分辨，这个事实通常是被争论双方认可的，这意味着朴素实在论者尽管否认据此我们就应当对两者给出相同的解释，但他们同时也需要对第一人称视角现象感受不可分辨做出合理的解释。且因为朴素实在论者否认两者归属于同一基本类，亦即否认两者共享一些基础的形而上学要素，所以他们能够用于解释这一现象的资源就更加紧缺。因此，辨明“不可分辨”与“等同关系”的差异固然有助于问题的分析，给可能的回应留出了空间，但真正的回应不仅需要承认有限性，还需要超越有限性，即在承认“不可分辨”的同时说明何以真实知觉有别于幻觉。

因此，笔者对 P3 的表述坚持将 P2 中的不可分辨关系理解为等同关系，真实知觉与幻觉中感知者的主观现象感受不可分辨，就是说两种经验的现象特征是一致的。这里笔者有意弱化感知者的分辨能力和观察环境带来的影响，主要考虑经验自身的相似性。这种表述是一种对“不可分辨”的合理后承的强理解，虽然看似存在跳跃，却更清晰地体现了现象—幻觉论证的精髓。

（三）如何解释幻觉（Ⅰ）：幻觉的现象特征

上述现象—幻觉论证不仅给朴素实在论解释真实知觉带来挑战，同时还带来如何解释幻觉的麻烦。依据朴素实在论的核心要义“好坏有别”，对真实知觉和幻觉的解释应当是不同的，但现象—幻觉论证的 P2 告诉我们感知者在真实知觉与幻觉中的现象感受主观无法分辨，那么似乎我们给予幻觉的解释还必须同时能够满足幻觉与真实知觉的现象感受不可分辨的要求。

因此，对朴素实在论—析取主义而言，如何解释幻觉的问题就变成如下两个问题：一是幻觉有现象特征吗？二是如果有，它何以与真实知觉的现象特征无差异（至少是第一人称视角的无差异）？

部分学者直接否认幻觉具有现象特征，例如马丁（Martin，2002；2004；2006）和费希（Fish，2008；2009），他们认为我们至多只能给予幻觉认知上的解释，幻觉与真实知觉现象感受不可区分只是我们从认知上误将前者与后者等同，这种观点通常被称为消极的析取主义（negative disjunctivism）。相反，另一些学者则承认幻觉具有现象特征，例如朗萨姆（Langsam，1997/2009；2017）和罗格（Logue，2012a；2012b；2013），他们认为我们应当给予幻觉一个更加积极的解释，幻觉与真实知觉现象感受不可区分是因为它们具有某种共同属性，尽管这种共同属性并不足以让我们将它们划归为同一基本类，这种观点通常被称为积极的析取主义（positive disjunctivism）。笔者将在第三章第一节对这两种观点分别进行考察。

在笔者看来，如果从现象—幻觉论证的支持者视角来审视这两个问题，直接否认幻觉具有现象特征并非回应了该论证，而是直接否定了该论证，因为这其实等同于直接否认了幻觉的可能性（P1），而这本应当是争论双方共享的前提。史密斯在讨论“来自幻觉的论证”时也曾强调我们不应当从该论证的第一阶段就否认该论证，他的理由是经验的现象特征依随于经验的物理实现机制，而如果真实知觉里大脑的神经活动被完美复制是可能的，那么幻觉具有相应的现象特征就是可能的。（Smith，2002：201 - 203）笔者与史密斯的观点一致，但理由不甚相同，史密斯的理由在因果—幻觉论证中体现得更明显，而笔者这里考虑的是保留知觉经验的可错性。将感知者可能遭受的一种知觉经验上的失败简化为一种感知者认知上的失误，这是从形而上学层面直接取消了幻觉的存在。这样看似“解决”了问题，但实际上只是回避了问题。它就像是在说我们的知觉经验本身并不会出错，只是我们认知上出了偏差，而这明显与我们作为生物个体的有限性相违背。

二　因果—幻觉论证

除了上述现象—幻觉论证，来自幻觉的论证还可以依据另一支持共同类假设的理由而被重构为因果—幻觉论证，在此论证中，真实知觉与幻觉是近端因果匹配的（proximal causally matching）。

（一）重构论证

具体而言，我们可以基于“近端因果匹配”对“来自幻觉的论证”作如下重构[①]：

因果—幻觉论证（Causal-Hallucination Argument）

C1. 理论上我们可以通过激活某个大脑神经过程而产生令感知者主观上无法将其与真实知觉分辨开的幻觉，在幻觉中无法知觉到外部世界中的对象；

C2. 幻觉和真实知觉拥有相同的近端原因（proximate cause），亦即相同的神经原因（neural cause），而作为直接结果（immediate effect）的幻觉和真实知觉亦必然相同（“相同的近端原因，相同的

---

① 因果—幻觉论证的重构结构上参考了 Robinson（2013），但罗宾逊的论证是为了支持感觉予料论，因此 C3 和 C4 的表述与本书不同；这里同时参考了 Martin（2004，2006）；Sollberger（2008，2012），其中马丁的论证是对罗宾逊论证的弱化描述，索博格的论证是基于马丁的讨论作更精细化的处理。本书的重构不同于两者之处在于更突出论证的主干，尤其是 C2、C3 中更突出因果匹配的作用。

直接结果”）；

C3. 如果幻觉和真实知觉近端因果匹配，那么两种经验的现象特征一致，我们就应当对两种经验的现象特征给出相同的解释；

因此，C4. 真实知觉与幻觉属于同一基本类，真实知觉中也无法知觉到外部世界中的对象。

可以明显看出，因果—幻觉论证的整体结构与现象—幻觉论证是一致的。

C1 是本论证中的可能性条件。值得注意的是，尽管与现象—幻觉论证中的 P1 表述一致，但在本论证中幻觉的可能性不仅可以是思想实验意义上的可能性，还可以是在经验的自然主义图景中得到经验科学研究支持的可能性。

C2 和 C3 共同构成本论证的传递性条件。C2 包括一个一般意义上的因果原则，即“相同的近端原因有相同的直接结果”（Robinson，2013：313）。这里有两点需要注意：一是 C2 中的“近端原因”是指在一个因果链条中最接近终端直接结果的原因，两者之间不存在其他因果步骤，且近端原因具有屏蔽性，同一因果链条中的远端原因（distal cause）的因果效力会被近端原因屏蔽掉；二是 C2 中将“近端原因”等同于“神经原因”，这体现了该论证对经验的自然主义的遵循，即知觉是受制于经验科学研究所揭示的因果规律的现象，感知者的知觉状态（真实知觉或幻觉）取决于相应的脑神经活动，这有利于该论证得到经验科学研究的背书。

C3 基于 C2 更清晰地表明知觉经验的现象特征随附于（supervene on）其物理层面的实现机制（近端因果结构），这更加体现了支撑因果—幻觉论证的核心直觉是物理主义版本的经验自然主义。

C4 作为结论同样与 P4 保持一致，表述为共同类假设，而朴素实在论—析取主义的核心要义即反对共同类假设，因此整个因果—幻觉论证是一个有效的针对朴素实在论—析取主义的反驳论证。

（二）对“近端因果匹配”的辨析

对 C2 和 C3 的分析，要点有三：一是进一步辨明 C2 中“近端因果匹配”的含义，说明该如何理解近端原因的屏蔽性；二是作一个区分，即人格（personal）层面解释与亚人格（sub-personal）层面解释的区分，并说明 C2 中“近端因果匹配”至多只是在亚人格层面的神经实现机制上的匹配；三是厘清 C3 中“近端因果匹配”与知觉经验的现象特征之间的关系，说明该论证预设了亚人格层面的实现机制上的匹配可以决定人格层面的现象特征的等同，而这揭示了整个因果—幻觉论证反驳效力的核心来源。

1. 近端原因的屏蔽性

“相同的近端原因，相同的直接结果”，这是罗宾逊总结的一个基本的因果原则，但在论证中真正起反驳作用的则是近端原因对远端原因因果效力的屏蔽。如果我们将外部世界中的对象视为远端原因，那么显然真实知觉和幻觉中的远端原因是不同的，幻觉中外部世界的对象并不存在。但在罗宾逊看来，远端原因对最终结果并不起作用。因为无论远端原因怎样，其因果效力都需要通过影响近端原因的方式来对最终结果起作用，而给定真实知觉与幻觉的近端原因（大脑神经活动）相同，远端原因的因果效力就会被屏蔽，所以作为最终结果的真实知觉与幻觉相同。

具体可参考下图①：

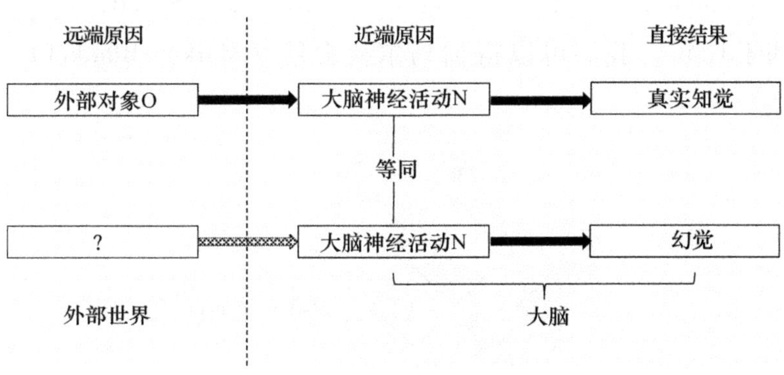

对这一图景直观的质疑有二：一是这里对因果结构的刻画是否过于简单，图中展示的是一个单一的线性因果结构，而正常的真实

① 本图参考了 Snowdon（2005b：294）的插图。

知觉其因果结构可能是更复杂的；二是是否真的存在一个作为直接结果的真实知觉和幻觉，我们是否应当将真实知觉或幻觉简单地理解为一个因果链条的终端产出。

在笔者看来，这两个直观的质疑尽管合理，但并未动摇因果—幻觉论证的核心直觉。我们不妨以当下最流行的关于因果的结构理论（The Structural Theory of Causation）为例进行讨论，会发现近端原因对远端原因因果效力的屏蔽即使在更复杂的因果结构中依然存在。

关于因果的结构理论（Pearl，2009；2011）用以描述因果关系的基本单位是变元（variable）而非事件（event）。一个变元是一组相互排斥又穷尽的可能事件的集合。变元取不同的赋值对应不同的事件。变元之间的因果关系的刻画需要借助于有向无环图（directed acyclic graph，DAG）。在同一图中，变元 X 的原因是其父亲（parents），结果是其孩子（children），不同变元间满足下列因果概率关系条件：

马尔科夫因果条件（Causal Markov Condition，CMC）

对同一有向无环图中的变元 X 而言，给定 X 的所有父亲的取值，X 的概率独立于（probabilistically independent of）其非后代（non-descendants）变元的任意集合。（Kiiveri and Speed，1982）

基于 CMC，我们可以得到马尔科夫毯（Markov Blanket），参考下图[①]：

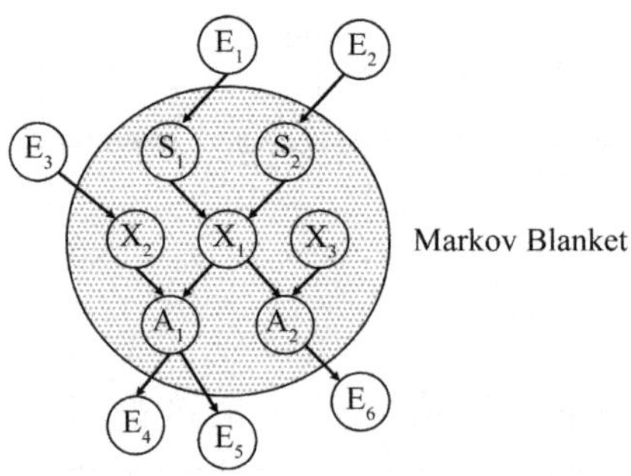

① 本图改自 Jakob Hohwy（2017：3）的插图 1。

如图所示，用阴影框代表关于变元 X_1 的马尔科夫毯，变元 X_1 的状态仅由位于马尔科夫毯内变元（即他的父亲 S_i，孩子 A_i，以及孩子的其他父亲 X_2 和 X_3）决定，而位于马尔科夫毯外的变元 E_i 则不会影响变元 X_1 的状态。

霍伊（Hohwy，2016；2017）试图运用马尔科夫毯来说明关于知觉的预测加工模型（Predictive Processing Model）本质上是一个封闭的模型。他认为我们对外部世界的知觉本质上是一种大脑基于贝叶斯定理进行的推理活动，尽管可以通过主动推理（active inference）与外界实现交互，但大脑内部状态本质上是与外部世界隔绝的。如图所示，变元 X_1 代表我们当下的知觉状态，变元 S_i 代表自下而上的感官刺激所引起的大脑知觉神经元活动，变元 A_i 代表自上而下的主动的大脑运动神经元活动，变元 E_i 代表外部世界中对象的状态。根据马尔科夫毯的定义，大脑的知觉神经元活动（S_i）和运动神经元活动（A_i）构成了关于当下知觉状态（X_1）的马尔科夫毯，对当下知觉状态的确定只取决于毯内神经元活动的状态，而与毯外（外部世界中）的知觉对象的状态无关。换言之，当我们给定毯内神经元活动的状态，那么无论是幻觉还是真实知觉（对应的 E_i 的取值不同），内部的 X_1 的状态都是相同的。

无论是关于因果的结构理论，还是霍伊基于该理论的知觉解释模型，显然都不再是简单的线性因果结构。但是可以看出，和之前简单的线性因果结构一样，这里再次出现了大脑神经活动对外部世界对象的因果效力的屏蔽效应。这提示我们，或许近端因果的屏蔽性与因果结构的复杂程度无关，而与我们给出因果解释的层次有关。①

---

① 值得注意的是，预测加工模型本身是一个对知觉的解释模型，对它的哲学诠释在学界存在争论，以霍伊为代表的孤立主义者认为预测加工模型本身设定了一个封闭的内在世界，他们甚至愿意接受这一图景可能带来的怀疑论威胁；而以克拉克为代表的具身进路则强调预测加工模型可以与具身认知相结合，我们不必因此认为大脑与外部环境隔绝。本书第三章回应因果—幻觉论证时会回到这一争论。

2. 人格层面解释 vs. 亚人格层面解释

丹尼特（Daniel Dennett）最早做出人格层面解释与亚人格层面解释的区分，它最初被用来区分两种不同的关于心灵现象（疼痛）的解释，但随后在各个领域的哲学讨论中得到广泛使用。（Dennett，1969/2010：101 – 108；1978：149 – 173）就因果—幻觉论证而言，笔者主要关注这一区分在知觉经验的现象特征上的使用。

在知觉讨论中，所谓人格层面解释是指以完整独立的生物个体和理性存在者为主体进行的解释，关注的是感知者作为完整独立个体的经验、行动和心理等，典型的有基于民俗心理学（folk psychology）对感知者知觉经验现象感受的描述。而亚人格层面解释则是以个体的构成部分，特别是以大脑神经活动为主体的解释，关注的是感知者特定构成部分在知觉中如何依据因果规律运行以达到相应的结果，典型的有基于脑神经科学对感知者视觉经验中视神经信号传递给出的一系列科学说明。通常而言，当下各种经验科学研究给出的都是亚人格层面的解释，而传统知觉心理学、知识论给出的都是人格层面的解释。①

这一区分要与另一重要区分进行比较。佐伊（Drayson Zoe）认为匹兹堡学派将人格层面解释与亚人格层面解释的区分等同于理由空间与律则空间的区分：人格层面解释对应知觉经验在理由空间内的运作，受到理性运作规范的制约；而亚人格层面解释对应知觉经验在律则空间内的分析，是科学解释，受到因果律的制约。② 这种类

① 这一论断基于笔者本人的观察，但笔者同时也注意到由于当前认知科学研究属于典型的交叉学科，针对人格层面解释与亚人格层面解释的区分，不同学者存在相当分裂的态度。有的研究者会认可这一区分，进而清晰地界定自己的研究范围，而有的研究者则认为这是一个伪区分，他们会认为自己的研究既为知觉何以可能提供了神经细胞层面的实现机制说明，也同时解释了相应的知觉现象何以可能。在笔者看来，存在不同的态度本身很正常，但需要防范的是哲学工作者在未经更详细论证时将经验科学研究成果生搬硬套地运用到传统哲学问题的解释中去。

② 参考 Zoe（2014：338 – 346）。佐伊在这篇文章中对人格层面解释/亚人格层面解释的区分作了详细的考察。

比严格来说，已经偏离了丹尼特原先的区分本意，从单纯的解释层级划分（以个体为对象 vs. 以个体的部分为对象）进展到解释类别划分（规范解释 vs. 事实解释）。以麦克道尔为例，他在回应伯吉（Tyler Burge）对其析取主义立场的诘难时就反复强调伯吉混淆了人格层面与亚人格层面的解释，但他背后的真实意图则是强调自己的析取主义立场是在理由空间内对知觉经验的知识论特征进行的阐释，是一种规范讨论，而这并不妨碍在律则空间内给出关于知觉经验相应的事实层面的科学解释。①

回到因果—幻觉论证，C2 中将近端原因理解为神经原因，这无疑表明其中的近端因果匹配是亚人格层面神经实现机制的匹配。这里的关键问题是如何理解它与人格层面知觉经验的现象特征之间的关系，C3 已然表明因果—幻觉论证支持者的立场，而这里的分析则说明存在其他解释的可能，笔者在第三章回应因果—幻觉论证时将回到这一点。

3. 反驳效力的核心来源：关于知觉的经验科学研究

基于上述对 C2 的分析，C3 明确地表明因果—幻觉论证预设了人格层面的现象特征依随于亚人格层面的神经实现机制，这揭示了整个论证反驳效力的核心来源：关于知觉的经验科学研究。

当代关于知觉的经验科学研究呈现多领域交叉的态势，但一个基本取向是越来越重视亚人格层面的神经实现机制的研究，例如脑神经科学借助 fMRI（功能性磁共振成像）进行的针对知觉活动中人类大脑神经活动的研究。相应地，当代认知科学中的主流理论，其解释框架也都建立在亚人格层面解释，例如基于表征的标准认知科学，以及当下最新的预测加工模型。当下现有的经验科学研究成果

---

① 关于伯吉与麦克道尔的争论，参考陈仕伟（2020a：101 – 110）。笔者认为伯吉提出的反驳很接近因果—幻觉论证，其立论核心就是析取主义与关于知觉的经验科学研究不相容（参考 Burge，2005；2011）。麦克道尔只是回避而非回应了伯吉的诘难，一个真正的回应可以是知识论析取主义结合具身认知纲领来应对来自经验科学研究的挑战。

倾向于支持真实知觉、幻觉共享了同样的神经实现机制，只存在细微的差异。

正如第一章中的标准四所言，一个好的知觉理论应当能够与关于知觉的经验科学研究相容。这意味着我们的哲学理论构建不能闭门造车，而需要关注和回应当下对知觉的最新经验科学研究。因果—幻觉论证的真正凶险之处就在于它可以“挟科学之威以令哲学”，稍不留意便会给你扣上“不符合经验科学研究”的帽子。（参考 Burge，2005）在笔者看来，用科学反对哲学固然愚蠢，但用哲学拒斥科学则更加愚昧。麦克道尔的回应策略是坚守两种不同解释的区分以独善其身，笔者同样强调要坚持上述区分，但同时也需要尊重和回应经验科学研究的成果，具体见本书第三章的讨论。

（三）如何解释幻觉（Ⅱ）：幻觉的因果解释

上述因果—幻觉论证不仅给朴素实在论解释真实知觉带来挑战，同时还带来如何解释幻觉的麻烦。这种麻烦的压迫性要远大于单纯只考虑现象—幻觉论证时的压迫性，因为支撑现象—幻觉论证的只是现象感受的主观不可分辨，而因果—幻觉论证的背后却是经验科学研究。它等于是说，经验科学研究告诉你，真实知觉与幻觉在亚人格层面的神经实现机制是一样的，因此，如果你的哲学建构尊重经验科学研究，那么你就应当给予幻觉和真实知觉一样的解释，否则你的哲学建构就是不尊重科学。

更特殊之处在于，如果承认真实知觉与幻觉近端因果匹配，且承认幻觉需要独立的积极的因果解释，那么整个朴素实在论的立论动机都可能受到威胁，这就是解释冗余论证所想要完成的工作。

三 解释冗余论证

传统朴素实在论者对因果—幻觉论证的回应主要集中于否认C3。这种否认不是否认一般意义的因果原则，而是说当我们在给出对真实知觉或幻觉的解释时，不能仅仅考虑因果的要素，也要考虑非因果的构成性要素。（参考 Johnston，2004）在朴素实在论者看来，真实知觉中感知者对外部世界中的对象和属性的直接感知构成了其知觉经验的一部分，这种构成性关系属性提供了对知觉经验的非因果解释；而幻觉中，因为不存在外部世界中的对象和属性，所以没有相应的构成性要素，因此我们对真实知觉和幻觉的解释显然是不一样的。

这一回应看似非常合理，但马丁提出的解释冗余论证很快将指出这种回应方式的弊端。

（一）重构论证

解释冗余论证（Explanatory Redundant Argument）[①]

E1. 真实知觉不同于幻觉，是因为真实知觉有非因果的构成性要素，即对外部世界中的对象的直接觉知构成了真实知觉经验的一部分，而幻觉没有；

E2. 幻觉没有非因果的构成性要素，因此幻觉中的近端原因都可以存在于对应的真实知觉中；换言之，原则上真实知觉可以与幻觉共享所有的近端因果要素；

E3. 如果近端原因能够解释知觉经验的所有现象特征，那么对每一个真实知觉而言，其非因果构成性要素的解释力都将被与幻觉共享的近端因果要素所屏蔽；（屏蔽原则）

---

① 严格来说，马丁并未提出解释冗余论证，这完全是笔者自己的重构。马丁主要是为了论证，对于幻觉我们仅能给出认知性的消极解释，他的整体策略分为两步，第一步是讨论一个弱化版的罗宾逊的因果论证，结论为并不要求真实知觉与幻觉必然归属于同一基本类，换言之即接受了朴素实在论的上述回应，承认真实知觉拥有非因果的构成性要素而幻觉没有；第二步则是讨论该论证的结论是否与析取主义相容。具体可参考 Martin（2004：52 - 63；2006：368 - 372）。通常他的第一步又被重构为所谓的“反转因果论证”，参考 Nudds（2016：334 - 346）。笔者这里的重构相当于将马丁的两步讨论合并为一个论证，但简化了一些细节以突出重点。笔者同时参考了罗格（Logue，2012）和索博格（Sollberger，2008；2012）的相关表述。罗格较为清晰地把马丁原来分为两个部分的论证整合在一起，但是她的整个重构是基于现象感受的主观不可分辨，因此与这里的重构重心不同；索博格没有明确重构马丁的论证，而是基于其框架发展自己的因果论证，但是她着重强调了因果与解释在整个反朴素实在论论证中的作用，与这里的重构重心一致。

因此，E4. 朴素实在论虽然仍然可以主张真实知觉不同于幻觉，但是这种不同并不对如何解释两者的现象特征产生影响。换言之，非因果构成性要素不具有解释力，是解释层面冗余的。这将使朴素实在论的立论动机受到质疑。

E1 是传统朴素实在论者对因果—幻觉论证的回应，解释冗余论证没有否认这一点，而是以此为基础导向了 E2，即除了这些非因果的构成性要素之外，幻觉拥有的所有具有因果解释力的要素都能在相应的真实知觉中得到复制。值得注意的是，E1 和 E2 共同展现了一种幻觉与真实知觉的非对称性，即真实知觉可以拥有所有幻觉的要素，幻觉却并不拥有所有真实知觉的要素（因为幻觉不具有非因果的构成性要素）。这种非对称性一方面与朴素实在论对因果—幻觉论证的回应相容；另一方面却又带来严重的问题，即如果幻觉所拥有的因果要素（即近端原因）解释了所有知觉经验相关的现象特征，那么真实知觉所特有的非因果性要素就会在解释层面显得冗余（即 E3）。这无疑会对朴素实在论的立论动机产生威胁：如果它所主张的知觉经验的构成性要素（本质属性）其实并不具有解释力或是冗余的，那么我们自然没有好的理由接受这一理论（即 E4）。

在笔者看来，解释冗余论证是对因果—幻觉论证的进一步深化。因果—幻觉论证告诉我们在因果解释的框架内应当给予真实知觉与幻觉相同的解释，这迫使朴素实在论者求助于非因果性要素；而解释冗余论证进一步论证：即使我们承认真实知觉中存在非因果性要素，其解释效力也是存疑的。

（二）因果与解释

在笔者看来，之所以因果—幻觉论证与解释冗余论证能够使朴素实在论者陷入困境，原因在于论证背后隐藏的两个条件，以及传统朴素实在论者对因果—幻觉论证的回应失当。总结如下：

（1）因果—幻觉论证和解释冗余论证都将解释力的来源限定在具有因果效力的要素之内。

（2）因果—幻觉论证和解释冗余论证对因果关系的理解都建立在经验的自然主义之上，亦即具有因果效力的要素都存在于亚人格层面。

（3）传统朴素实在论者在回应因果—幻觉论证时将“对外部世界对象的直接感官觉知”作为一种非因果要素纳入解释体系中，而并未考虑它可能存在的因果效力。

这三条综合起来导致了传统朴素实在论者的失败。（1）可以通过 C2 和 E3 得到确证：因果—幻觉论证把解释力的来源完全限定在具有因果效力的要素之内；解释冗余论证尽管可以接受知觉经验拥有非因果要素，但认为因果性要素可以进行完全的解释，而非因果性要素是解释冗余的，所以实质上和因果—幻觉论证一样将解释力的来源限定在了具有因果效力的要素之内。（2）可以由两个论证中对幻觉的设定得到确证，两个论证的基础设定都是真实知觉与幻觉的近端因果匹配，这里的近端因果匹配被理解为相同的脑神经刺激，而真实知觉与幻觉则是相同的脑神经状态。这里的脑神经刺激、脑神经状态都是亚人格层面的存在；换言之，这里的因果性要素都是在纯粹的经验科学研究语境下讨论的，并不涉及人格层面的心理因素等，这导致一种过窄的对于因果关系的理解。（1）和（2）共同将朴素实在论者引入进退维谷的境地：要么完全否认真实知觉和幻觉拥有相同的近端原因，但这会被指责为与经验科学研究不相符；要么承认近端原因的匹配，但扩大对解释的理解，引入新的非因果性解释要素［即上述（3）］，但是解释冗余论证随后指出这面临解释冗余的风险。

值得注意的是，有人可能会争辩说朴素实在论者与其反对者享有不同的关于因果和解释的关系的理解。这里涉及更一般的因果与解释的关系问题，通常有两大类观点：一是认为解释依赖于因果，给出对某事件或状态的解释即意味着对相关被解释项的因果关系加以说明，这种观点往往认为解释即等同于因果解释；二是认为解释相对独立于因果，给出对某事件或状态的解释是纯粹的知识论层面的活动，取决于我们对相关事实的认知，因此解释并不完全等同于因果解释。（参考 Putnam，1999：137 – 139；Strawson，1985b：115 – 135）抛开两种观点的对错判断，朴素实在论者的回应显然是采用了第二类理解，解释并不都是因果解释，因此"对外部世界对象的直接感官觉知"能够作为非因果性要素被纳入对知觉经验的解释中，并起到核心解释作用。

在传统朴素实在论者的理解中，非因果构成性要素提供的是一种完全不同于近端原因的解释，两者并不存在竞争关系。这种争辩初看有理，细究则发现很难成立。朴素实在论者如果坚持非因果构成性要素起到了核心解释作用，那么首先需要说明它能够提供解释的根据是什么，否则会使这种解释陷入一种无根据的神秘状态；其次需要说明非因果构成性要素提供的解释何以优于同时存在的因果性要素提供的解释，这无疑增加了朴素实在论者的论证负担，且仍然面临着回避经验科学研究的指责。因此，传统朴素实在论者的回应策略显然并非最优解。

如前所述，解释冗余论证与因果—幻觉论证深度勾连，回应的关键必然也紧密相连。如何在人格层面解释与亚人格层面解释之间做出平衡，如何在经验科学研究与哲学问题探讨之间做出平衡，如何找到一个合适的概念将两个层面的因果解释有效地加以整合，这些问题都将决定对上述论证的回应是否令人满意。笔者将在第三章更加详细地给出自己对因果—幻觉论证与解释冗余论证的回应。

四 错觉论证

传统讨论中"来自错觉的论证"独立于"来自幻觉的论证"，且不少文献中以前者为主。在笔者看来，这是因为"来自错觉的论证"长久以来被感觉予料论者当作支撑自身的论证而存在。而当下几乎已经没有哲学家严肃地认为感觉予料论仍具有可行性（罗宾逊是少有的例外），因此若仅以对朴素实在论—析取主义造成威胁的大小来看，"来自错觉的论证"的效力远不如"来自幻觉的论证"，学界对它的讨论也逐渐减少。

笔者这里对“来自错觉的论证”只作一简单的重构，试说明何以它的反驳效力远不如幻觉论证。同时笔者会讨论错觉与幻觉的异同，点明现有的哲学定义中只显示了两者错误程度的差异，而忽视了两种经验可能存在的主体性差异。

“来自错觉的论证”与“来自幻觉的论证”一样，一般分为两个条件：一是可能性条件，二是传递性条件，结论仍然违反关于真实知觉的直觉。这里给出一般结构[①]：

“来自错觉的论证”的一般结构

条件 A：错觉是可能的，错觉中我们知觉到的并非外部世界中的对象本身；

条件 B：我们应该给予错觉与真实知觉相同的解释；

结论 C：真实知觉中我们知觉到的并非外部世界中的对象本身。

条件 A 是可能性条件。与幻觉论证不同的是，错觉的可能性通常不依赖于思想实验，而是基于许多日常生活中真实发生的错觉情景。这些错觉情景的出现，部分由于环境因素，例如筷子插入水中变弯其实是由于光线的折射；部分由于感知者的感知能力有限，正如米勒—莱尔错觉（Muller-Lyer Illusion）中感知者即使知道两条线等长，也仍然会感觉两端箭头向内的线条更长。值得注意的是，对于错觉现象，我们似乎更倾向于寻求一个科学解释而非哲学解释。

条件 B 是传递性条件。这里“给予相同的解释”是指对真实知觉和错觉的本性和对象给出一样的解释。与幻觉论证不同的是，错觉论证的传递性条件是没有支持理由的，它只是基于一种朴素的直觉。

---

① 这个一般结构参考了 Smith（2002，Chapter 1），另斯诺登同样曾将这两个条件表述为基础案例（the basic case）和延展步骤（the spreading step），参考 Snowdon（1992：48－78）。

结论 C 是与朴素实在论的主张直接相悖的。这个结论只是单纯地复制条件 A 中错觉的属性，所以与幻觉论证不同的是，错觉论证的重点是如何得到条件 A。

（一）重构论证

这里我们以“筷子插入水中看起来是弯折的”这一最简单的错觉案例构建一个错觉论证：

错觉论证（Illusion Argument）

I1. 一根筷子插入水中，我们看到一根弯折的筷子，而事实上筷子并非弯折的；

I2. 因为我们看到的筷子是弯折的，所以我们看到的东西并非外部世界中的筷子本身，而是感觉予料（sense data）；

I3. 我们应当给予真实知觉和错觉以相同的解释；

因此，I4. 在真实知觉中，我们看到的东西也并非外部世界中的筷子本身，而是关于筷子的感觉予料。

I1、I2 是错觉论证的可能性条件，I3、I4 分别是传递性条件和结论。

I2 是得到条件 A 中错觉属性的关键步骤，其实现依赖于背后存在一个隐藏的现象原则（Phenomenal Principle）：“如果对某主体而言看上去似乎存在某物具有某个特定的感官属性，那么就的确存在被主体觉知到的某物具有相应的感官属性。”（Robinson，1994：32）依据这一原则，因为我们在错觉中的确感受到 X 具有 F 属性，所以就必然存在一个相应的 X 例示了 F 属性；又因为 F 属性与现实中对象具有的属性不同，所以 X 不是现实中的对象。感觉予料论者会主张这个 X 就是感觉予料，所以错觉论证就很容易被用于支持感觉予料理论。

在笔者看来，严肃地承认现象原则是一件很荒谬的事。我们不会因为看到一根弯折的筷子，就真地相信筷子放进水里就弯折了。错觉中的现象感受通常明显不同于真实知觉，或者与我们的常识存在明显矛盾，这不同于幻觉中可能出现的现象感受的完美匹配（基于思想实验设定）。因此，面对生活中的错觉，一个更常见的反应不是去质疑在相应的真实知觉中形成的既有信念，而是尝试找出错觉的科学解释。

（二）错觉与幻觉的差异

从给朴素实在论—析取主义制造麻烦的角度来看，幻觉论证要显著优于错觉论证。首先，幻觉的可能性会引导我们反思真实知觉的可能性是否成立，而错觉的可能性则更多地激发我们科学研究的兴趣。其次，幻觉论证的传递性条件有两个强有力的支持性理由，而错觉论证的传递性条件更多基于直觉。最后，错觉论证依赖的现象原则如今看来非常不可信。

依据第一章中的哲学定义，错觉与幻觉同样是所谓的知觉错误，它们的共同点在于都未能如实反映外部世界中的真实情景。不同之处在于，在错觉中的确存在一个对象被知觉到，只是该对象被知觉到的属性与其真实属性不符，而在幻觉中则是完全没有该对象。严格来说，在这种哲学定义中，错觉与幻觉本质上只有程度的差异而无类别上的差异。在笔者看来，这恰恰反映了当下关于三种知觉经验的哲学定义只关注它们之间的外部世界情形的差异，而忽略了三种情形中感知者的主观状态的差异。在此定义中，错觉更接近于幻觉而非真实知觉。笔者在第三章会对三者之间的主体性差异作更多的诠释，届时将表明错觉本质上更接近于真实知觉。①

第四节　知识论难题：怀疑论的挑战

本书第一章第二节笔者主张知觉经验不仅具有现象特征还具有

① 在析取主义内部，对于如何划分析取支也存在两种不同意见：一种将错觉与幻觉划归为一类（坏情形），而将真实知觉作为另一类（坏情形）；另一种则将错觉与真实知觉划归为一类，而将幻觉作为另一类。参考 Snowdon（2009：58）。

认知特征，且标准二要求一个好的知觉理论应当能够同时解释知觉经验的这两个特征。上一节的形而上学难题聚焦知觉经验的现象特征，本节所关注的知识论难题则聚焦知觉经验的认知特征，考察朴素实在论框架下的知觉概念是否有助于解释我们如何获得关于外部世界的知觉知识。

具体而言，本节将这一问题重述为如何应对关于知觉知识的彻底怀疑论挑战。首先笔者将再次重申柯南特（James Conant）做出的康德式怀疑论与笛卡尔式怀疑论的区分，并说明这一区分对全书讨论的重要意义。其次笔者将考察两种基于不同原则构建的彻底怀疑论论证，说明两者分别给我们获取外部世界的知觉知识带来怎样的困难，并讨论两者的关系。最后笔者将考察彻底怀疑论论证作为一种知识论论证与幻觉论证（形而上学论证）之间的关系，说明针对知觉知识何以可能的诘难有着怎样的形而上学基础。

整个彻底怀疑论对我们是否能够基于朴素实在论框架获取关于外部世界的知觉知识提出疑问，对知识论析取主义的核心直觉“对错有分”提出挑战。本节同样聚焦于问题的呈现，随后本书将在第四章集中回应这些挑战。

一　两种不同的怀疑论

本章第一节笔者在提及普特南对麦克道尔有趣的“误读”时，就简要地介绍过所谓康德式怀疑论与笛卡尔式怀疑论的对比。这一区分由柯南特做出，因此这里主要以他的论述为主，同时兼及麦克道尔与普特南对这一区分的看法。① 笔者的阐发则主要集中于论述这两种怀疑论如何对知觉经验的认知特征带来不同的挑战以及如何贯通。

---

①　值得注意的是，尽管两种怀疑论分别被冠以康德和笛卡尔的名号，但两种怀疑论各自的主张有多少是来源于康德和笛卡尔本人的论述则是存疑的。柯南特自己有做一些哲学史的考察，笔者这里不作进一步的探究，而主要以柯南特对两种怀疑论的表述为基础展开。

（一）康德式怀疑论 vs. 笛卡尔式怀疑论

笛卡尔式怀疑论是我们在知识论讨论中常见的怀疑论形式，柯南特的贡献在于提出康德式怀疑论并将其与笛卡尔式怀疑论进行对比，揭示出怀疑论挑战中不同于笛卡尔进路的先验维度。

在柯南特看来，总体而言，笛卡尔式怀疑论关注的问题是经验层面的事实性问题，即世界是否如我们的经验所展现的那样，或者说我们的经验/知识是否符合世界中的事实，因此，“是否为真”（veridical/truthful）的知识论问题是笛卡尔式怀疑论的核心问题。而康德式怀疑论关注的问题则是先验层面的可能性问题，即我们关涉世界的经验其本身何以可能，或者说我们的经验/知识何以能够关涉世界，因此，“如何可能”（how possible）的形而上学问题是康德式怀疑论的核心问题。

回归知觉知识问题的讨论，有学者可能会认为这一对比揭示出笛卡尔式怀疑论关注的是知识自身，而康德式怀疑论关注的是知识的条件（the *conditions* of knowledge）。然而柯南特与麦克道尔都认为康德式怀疑论的野心绝不仅限于此，在他们看来，康德式怀疑论关注的是一个更根本的议题，它并不仅限于对知识主张何以可能提出疑问，而是对更具一般性的心灵状态（无论是知识，还是其他信念、欲望等）何以能够关涉（about）世界提出质问。换言之，康德式怀疑论是针对意向性本身何以可能的怀疑，知识论问题只是其中的一个特例。[①] 在此意义上，笛卡尔式怀疑论问题的提出本身已然预设了康德式怀疑论问题的回答，即使是笛卡尔式怀疑论者，他也并不否认我们的经验或知识具有关涉世界的特性，他所质疑的只是这种关涉是否可能为真。一个康德式怀疑论者无所谓是不是笛卡尔式怀疑

---

① 有人会质疑柯南特所说的“康德式怀疑论”本质上是不是一种“怀疑论”，这里是否存在语词的混淆。对此柯南特在第 V 小节（Conant，2012：19 – 21）给予回应，特别是注释 15 中他解释了自己是在更广意义上使用“怀疑论”一词。笔者基本赞同柯南特对怀疑论的理解。

论者，而后者却必不是康德式怀疑论者。

（二）两者的贯通

上述讨论介绍了柯南特所理解的两种怀疑论的对比分殊，这里则进一步考察两者的贯通。先尝试回顾普特南与麦克道尔对两种怀疑论关系的讨论，他们给出了完全不同的理解：普特南认为康德式怀疑论可以还原为笛卡尔式怀疑论，症结最终归结于过度的哲学思考在我们的认知能力与外部实在之间人为设置的界面，界面的存在让我们的知识不再具有应有的确定性；相反，麦克道尔认为笛卡尔怀疑论问题是康德式怀疑论的特例，我们只有从先验层面解决了康德式怀疑论，才能真正对经验层面的笛卡尔式怀疑论问题给出满意的解答。若以普特南的诊断为要，则界面问题成为核心问题；若以麦克道尔的诊断为要，则意向性问题——所予神话成为核心问题。两种不同的理解反映了两人不同的哲学旨趣，提供了不同的进入问题的视角。

在笔者看来，康德式怀疑论和笛卡尔式怀疑论的确存在显著的不同，但两者之间并非完全毫无关联。无论是笛卡尔式怀疑论，还是康德式怀疑论，其背后关注的核心问题都是我们如何能够理性地“将世界纳入视野”，其实本质都还是心灵—世界的关系问题。只不过两者从不同角度对这一核心问题进行展开，笛卡尔式怀疑论关注我们是否成功地“将世界纳入视野”（为真与否），康德式怀疑论关注“纳入”本身何以可能（如何可能）。

进一步探究问题的根源能够加深对两者关联的理解。笛卡尔式怀疑论问题源于我们对自身认知能力的不自信以及对确定性的不当追寻，预设并退回到内在的心灵界面（界面问题），丢掉了与外部世界直接的认知接触，最终汲汲于“是否为真”。康德式怀疑论问题则是源于我们对“丢失世界”的无端恐惧（意向性问题），为了避免思想成为与世界脱钩的空鸣，经验或知识需要来自外部世界的限制，只是这种限制自身如何可能又成了问题（所予神话），最终戚戚于“如何可能”。不难发现，两者都根源于一种对自身和世界的无根据的忧虑，如何克服这种忧虑，则是问题的真正症结所在。

两种怀疑论的区分对本书知识论相关讨论的重要意义在于它强

调了知觉经验意向性问题的独特性与重要性。知觉经验不仅仅作为知觉知识的辩护要素进入讨论，它自身也是沟通心灵与世界的重要形式，因此其自身也是意向性问题的重要子论题。尽管我们的知识论讨论更关注笛卡尔式怀疑论，即普特南所谓的界面问题，但我们始终需要记住还存在一个更具一般性和普遍性的康德式怀疑论问题，即一般意义上我们的思想或经验关涉世界何以可能。有趣的是，在麦克道尔看来，康德式怀疑论问题的解决，本身就构成了对笛卡尔式怀疑论问题的一个先验回应（参考 McDowell，2008），笔者将在第四章第一节考察这种回应方案的合法性。

二 两种彻底怀疑论论证

在明确康德式怀疑论与笛卡尔式怀疑论的区分后，我们将视角进一步收缩至纯粹的知识论考察。笔者将考察一种笛卡尔式怀疑论的最强形态，即彻底怀疑论，它对我们是否能够通过知觉经验获得关于外部世界的知觉知识持一种彻底怀疑的态度。普里查德区分了两种基于不同原则构造的彻底怀疑论论证，这里分别予以讨论，并对两种彻底怀疑论论证的关系给出不同于普里查德的理解，这将为第四章的回应作铺垫。

（一）基于闭合原则的彻底怀疑论论证

首先是基于闭合原则的彻底怀疑论论证，这应当是最经典的怀疑论论证，其基本形式如下：

基于闭合原则的彻底怀疑论论证①

BIV_1. 我不知道我不是 BIV；

---

① 参考 Pritchard（2012：111 – 112）。注意这个论证是基于 BIV 情形重构的，已经去模态化了。另外值得注意的是，普里查德本人一直主张彻底怀疑论更适合于理解为悖论（paradox）而非某种立场（position），因为悖论更能表明是我们自身的知识论概念之间存在深层次张力。笔者认同这一观点，但考虑到讨论的方便，本书中仍以论证的形式表述彻底怀疑论。

BIV_2. 如果我知道我有两只手，那么我知道我不是 BIV；
BIV_C. 我不知道我有两只手。

BIV_1 是所谓的怀疑论前提，即感知者无法通过自己当下的经验/信念证据判定自己是不是 BIV（这与现象—幻觉论证的 P1 有相通之处）。BIV_2 是对闭合原则的运用，整个论证经由简单的否定后件，得到怀疑论者想要的结论 BIV_C，即我们并不拥有我们习以为常的知觉知识。这里的重点是闭合原则，具体表述如下：

闭合原则（The Closure Principle）
如果 S 知道 *p*，并且 S 能够从 *p* 推出 *q*，基于此形成了信念 *q* 且同时保留她对于 *p* 的知识，那么 S 知道 *q*。（Pritchard，2016：13）

有关这一原则的哲学讨论非常多[①]，笔者并不准备扩展来讲，但基本广为接受的结论是，闭合原则是我们认知实践中知识扩展的重要原则，否认闭合原则是极不合算的。普里查德同样认为我们应当保留闭合原则，在他看来，这一原则本身没有问题，但基于这一原则构建的彻底怀疑论论证却隐秘地预设了理性评估的普遍性论题，而这才是导致怀疑论结论的根源。该论题表述为：

理性评估的普遍性论题（*universality of rational evaluation* thesis）
原则上对理性评估（rational evaluation）的范围不存在限制。（Pritchard，2016：55）

理性评估即判定一个信念的真假（是否是知识），其范围原则上不存在限制，就是说对所有的信念我们都能做出真假评判（这里的“原则上”表明仍保留了实际操作上存在限制的可能）。BIV_2 对闭合

① 参考 Steven Luper（2020）.

原则的使用是通过推理从日常信念得到反怀疑论信念，在日常信念语境中我们的理性评估是局部的（local），是对特定信念的真值条件进行评估，而在怀疑论语境中我们的理性评估却是全局的（global），是对感知者当下认知环境的整体性评价。这种从局部评估向全局评估的跨越，隐含地预设了理性评估可以是普遍性的，即无论是基于当下有限经验获得的局部信念，还是感知者整体性的背景信念，我们都可以做出理性评估。

普里查德认为这种理性评估范围的不设限才是导向怀疑论结论的根源，我们需要做的不是反对闭合原则，而是以适当的方式否定理性评估的普遍性论题，为我们的认知活动设定一个合理的范围限制。特别地，怀疑论信念就是典型的超出理性评估范畴的信念，因此它本身是不恰当的。

（二）基于非充分决定原则的彻底怀疑论论证

普里查德还给出了另一种基于非充分决定原则的彻底怀疑论论证，其基本形式如下：

基于非充分决定原则的彻底怀疑论论证①

BIV_1 *. 我没有理性基础支持我的日常信念"我有两只手"胜过与之不相容的怀疑论假设"我是 BIV"；

BIV_2 *. 如果我没有理性基础支持我的日常信念"我有两只手"胜过怀疑论假设"我是 BIV"，则我缺少关于"我有两只手"的知识；

BIV_C *. 我不知道我有两只手。

BIV_1 *是本论证的怀疑论前提，与 BIV_1 严格来说没有太大的差异，同时也有着相同的形而上学基础，即与现象—幻觉论证相勾连。BIV_2 *是对非充分决定原则的运用，整个论证通过简单的肯定前件，

① Pritchard（2016：32）. 出于讨论方便的目的，这里的重构同样基于 BIV 情形，且也已经去模态化了。

得到怀疑论结论 BIV_C * 。这里的重点是非充分决定原则，具体表述如下：

非充分决定原则（The Underdetermination Principle）

如果S知道命题*p*和*q*描述的是不相容的情境，但S缺少一个理性基础支持*p*胜过支持*q*，那么S缺少关于命题*p*的知识。（Pritchard，2016：30）

这一原则由普里查德首倡，坦率地说，这一原则本身并不直观，它似乎对我们的知识主张提出了过高的要求。笔者更关注的反而是他声称基于该原则构建的彻底怀疑论论证所反映的理由的偏狭性论题，其基本表述如下：

理由的偏狭性论题（*insularity of reasons* thesis）

我们对关于外部世界的知觉信念所持有的理性支持（rational support），即使在最好的情形中，也是非常弱的，是与这些信念广泛的出错相容的。（Pritchard，2016：55）

在笔者看来，理由的偏狭性论题与麦克道尔对彻底怀疑论给出的诊断如出一辙，“诊断是这种怀疑论（即彻底怀疑论）表达了一种无能（inability），即无法与环境中的客观事实有直接的知觉接触（direct perceptual access）……知觉经验对关涉环境的断言至多只能提供非决定性的担保（inconclusive warrant）”（McDowell，2008：378）。这一诊断与麦克道尔提出的最大共同因素原则相得益彰，这在笔者看来是麦克道尔对笛卡尔式怀疑论问题最精准的诊断，它彰显了一种我们对自身认知能力的极度不自信。

值得注意的是，理由的偏狭性论题背后有着深厚的形而上学基础，它与普特南所述的界面问题有着直接的联系，甚至可以说该论题就是界面问题的必然的知识论结果。正是因为我们与外部世界的知觉联系被人为地设定了界面，并且我们错误地将界面（而非外部世界的对象）视为我们的知觉信念的辩护基础，才导致理由的偏狭性。这种联系启示我们，要想真正解决彻底怀疑论问题，必须先解决形而上学层面的界面问题。

（三）两种彻底怀疑论论证之间的关系

普里查德认为两种基于不同原则构建的彻底怀疑论论证各自反映了不同的理性论题可能带来的怀疑论后果，彼此逻辑独立。逻辑独立的理由是，一个怀疑论者可以在认同理性评估只能在局部展开的同时，坚持我们即使在好情形中所能获得的理性支持也是完全可出错的，因此，即使回应了基于闭合原则的彻底怀疑论论证，也无法回应基于非充分决定原则的彻底怀疑论论证。（参考 Pritchard，2016：113－116）

相应地，普里查德认为两种怀疑论论证需要两种完全不同的解决方案。一方面，他基于维特根斯坦的枢纽承诺（hinge commitments），发展出自己的枢纽知识论（hinge epistemology），以回应基于闭合原则的彻底怀疑论论证；另一方面，他利用知识论析取主义作为回应基于非充分决定原则的彻底怀疑论论证的方案。两种方案各自解决不同的问题，不可偏废，共同构成了普里查德整体性的回应怀疑论论证的双视策略（Biscopic Proposal）。（Pritchard，2016：173－179）

笔者对普里查德的观点和策略整体上有两点评述。

首先，普里查德对两种彻底怀疑论论证背后预设的论题的区分是对的，理性评估的普遍性论题关注的是我们理性评估的限度问题，理由的偏狭性论题关注的是我们理由支持的强弱问题，两者的确是不同的问题。不足之处是他忽略了两种论证可能的关联，即尽管侧重点不同，但两种怀疑论论证不是完全独立的，因为至少一个最基本的共同点是，两个论证都是全局性怀疑论论证，这对应的是局部性怀疑论论证（local skeptical argument），后者不涉及针对感知者整体的认知环境的怀疑，而只涉及针对特定信念的怀疑。[①]

其次，普里查德的双视策略是怪异的，两种回应方案只是机械地拼接在一起而并未得到有机的统合。他对维特根斯坦的枢纽承诺的解读在笔者看来是有问题的，这导致他对枢纽知识论的反怀疑论功效严重低估，同时也未能意识到枢纽知识论对知识论析取主义可以起到某种实质支持作用。

笔者将在第四章更具体地处理这两种彻底怀疑论论证，届时将对麦克道尔与普里查德的方案给出更详细的批评。

三　彻底怀疑论与幻觉论证的关系

彻底怀疑论是从知识论层面出发质疑我们是否能够获得关于外部世界的知觉知识，但这并不意味着这种质疑完全没有形而上学基础。[②] 对彻底怀疑论与幻觉论证的关系的考察，其实是对知识和知觉所面临问题的共性的考察。这里笔者将尝试说明彻底怀疑论与幻觉论证的问题根源都是一种基于笛卡尔图景的对知识和知觉的合取式分析（conjunctive analysis）。

在现象—幻觉论证中，“现象感受主观不可分辨”是一种客观事实，而对这一事实的最直观解释可能就是两种情形共享了某些要素，例如共享了相同的知觉对象，又因为幻觉中外部世界中的对象不存在，所以这个对象通常被认为是内在的心理表征。这就自然地导向了即使是真实知觉也具有这样一种内在的心理表征的结论。

因此我们通常对真实知觉作一种合取式分析，即一个真实知觉通常包括一个内在要素（internal element），该内在要素与幻觉情形中的内在要素保持一致；以及一个外在要素（external element），该

---

① 普里查德本人意识到了彻底怀疑论场景（radical skeptical scenario）与局部怀疑论场景（local skeptical scenario）的区分，两者怀疑的范围是不同的。（Pritchard，2016：137）但是他并没有意识到这一区分使得两种基于不同原则的怀疑论论证有了联系。

② 上文康德式怀疑论与笛卡尔式怀疑论的勾连已经部分说明了这一点，这里不再赘述。

外在要素为真实知觉所独有，即在真实知觉中外部世界中的知觉对象现实存在。（参考 Johnston，2004：114）这种合取式分析中的内在要素解释了为什么真实知觉与幻觉中感知者的现象感受主观不可分辨，而外在要素则保证了真实知觉与幻觉有所不同。可以看出，只有从主观不可分辨推出两种情形拥有相同的内在要素，我们才能真正有理由声称真实知觉与幻觉属于同一基本类，因此合取式分析是整个现象—幻觉论证背后的精髓所在。

这种合取式分析无疑也影响了我们对知识的理解。[①] 在对知识的合取式分析中，通常也包括一个内在要素，即我们的信念和我们对于信念的辩护[②]，以及一个外在要素，即信念的真值条件。这里的内在要素同样是好情形和坏情形所共有的，而好情形独有的外在要素保证了好情形中的信念为真。彻底怀疑论的论证能够成立，正是基于这种关于知识的合取式分析。

无论是关于知觉经验的合取式分析，还是关于知觉知识的合取式分析，其背后都是一种心灵与世界截然二分的笛卡尔式图景。因此，无论是回应幻觉论证（第三章）还是回应彻底怀疑论论证（第四章），其根本目标都是打破这种截然二分的图景，重新实现世界与心灵的贯通。有趣的是，笔者将在第三章说明，在对行动的分析中，同样存在所谓的合取式分析，而安斯康姆对这一图景给出了有力的反驳。借助于她对行动的分析，笔者试图通过论证知觉与行动以及知识与行动之间的紧密联系，得出一种统一的回应知觉与知识难题的方案。

---

① 参考 Williamson（2000：27－33），威廉姆森讨论了关于知识的合取式分析。麦克道尔有类似的对这种分析方式的讨论和反驳，但他的术语是关于知识的混合构想（Hybrid Conception of Knowledge）。（参考 McDowell，1995）值得注意的是，威廉姆森自己并不是一个析取主义者，他甚至认为对信念的析取式分析是不可取的，我们需要的只是一个反对合取式分析的立场，参考 Williamson（2000：44－48）。笔者认为反合取式分析和采用析取式分析之间的确不是非此即彼的关系，但是两者都很重要，将在第五章第一节回到这一点。

② 当然外在论者不谈辩护，这里主要是内在论者的观点。麦克道尔会认为这种合取式分析使得理性过度的内在化。（参考 McDowell，1995）

本章小结

本章笔者着力于对争论与问题进行梳理。

首先，笔者对全书争论的线索进行了梳理，将整个围绕知觉经验的核心争论整理为逻辑上层层递进的三场争论：（1）实在论与观念论之争，核心是外部世界能否独立于感知者的意志或心灵而存在；（2）直接实在论与间接实在论之争，核心是设若外部世界独立于心灵而存在，那么感知者对外部世界的知觉究竟是直接的还是间接的；（3）朴素实在论与表征论之争，核心是设若感知者对外部世界的知觉是直接的，那么它究竟是借助于亲知还是表征来实现。

其次，笔者基于上述争论脉络，对传统朴素实在论的历史进行了梳理，特别点出了三位哲学家（托马斯·里德、安斯康姆、麦克道尔）的贡献。同时着重解释了当代朴素实在论如何借由析取主义获得复兴，对朴素实在论与析取主义的核心主张进行了说明，朴素实在论主张知觉经验必然地由对独立于心灵的物体和属性有意识的感官觉知构成，析取主义的核心主张是“好坏有别、对错有分”。

最后，笔者从形而上学与知识论两个维度对朴素实在论—析取主义可能面临的挑战进行了梳理。形而上学层面主要是知觉错误带来的挑战，具体表现为四个反驳论证：现象—幻觉论证、因果—幻觉论证、解释冗余论证与错觉论证。知识论层面主要是怀疑论带来的挑战，具体表现为两种彻底怀疑论论证：基于闭合原则的彻底怀疑论论证与基于非充分决定原则的彻底怀疑论论证。

结束对争论与问题的梳理后，笔者将在第三章发展一种基于行动的新朴素实在论，以回应本章第三节的形而上学难题，接着将在第四章发展一种基于行动的新知识论析取主义，以回应本章第四节的知识论难题。

第 三 章

知觉与行动：基于行动的新朴素实在论

在第二章笔者对本书涉及的争论与问题进行了详尽梳理，点明本书想要辩护和发展的是关于知觉经验的朴素实在论，并于第三节和第四节从形而上学和知识论两个维度对朴素实在论及其相应的知识理论所面临的问题，分别以不同的论证加以细化阐明。在第三章和第四章，笔者将通过构造基于行动的新朴素实在论和基于行动的新知识论析取主义来对这些问题进行系统的回应。

本章主要集中回应形而上学难题，即朴素实在论如何应对知觉错误给真实知觉带来的挑战以及如何对知觉错误做出合理的解释。具体而言，笔者将首先考察当下几种主流的析取主义如何回应幻觉论证带来的挑战，根据它们对待幻觉解释的不同态度而将它们分为积极的析取主义和消极的析取主义分别加以讨论。笔者将指出无论何种回应都未能真正解决问题，因为它们都忽视了真实知觉与幻觉除了外部世界中的对象存在差异之外，还存在主体维度的能动性差异。随后笔者将尝试给出自己的解决方案，论证知觉的本质是一种具身的有意行动，只有通过行动概念重构我们对于知觉的理解，我们才能真正全面把握真实知觉与幻觉的差异。随后笔者将基于这种新知觉概念构建一种基于行动的新朴素实在论，说明其核心主张与理论优势，并尝试用它来回应第二章第三节的四个反驳论证。最后，笔者将对本章的讨论作一总结，说明基于行动的新朴素实在论带给我们的有益启示：知觉本质上是人的行动，而不是人对外部世界中的事实的被动接受，丢失了知觉能动性的图景将无法真正解释知觉的本质。

第一节　朴素实在论的回应及缺陷

朴素实在论—析取主义在应对知觉错误给真实知觉带来的挑战时，采取的共性策略是隔离坏情形（幻觉、错觉）与好情形（真实知觉），否认坏情形中的后果会给好情形带来不良影响。但在共性策略之外，他们又在如何对知觉错误做出解释时分为两条不同进路：一种即消极的析取主义（negative disjunctivism），认为我们不需要也不能对知觉错误做出积极的解释，因为一旦做出相应的积极解释，那么依据解释冗余论证，朴素实在论的立论动机便会受到质疑，典型代表有马丁和费希；另一种则是积极的析取主义（positive disjunctivism），认为我们可以且应当对知觉错误做出积极的解释，典型代表有朗萨姆。

本节将分别对上述两种回应策略进行考察，考察的重点一是看它们是否成功地阻断了知觉错误对真实知觉的影响，且有效地避免朴素实在论者对真实知觉现象特征的解释变得冗余；二是看它们对知觉错误的解释（或者不进行解释的理由）是否合理。最后，笔者将给出自己对上述两种回应策略的批评。

一　消极回应：知觉经验的认知解释

消极的析取主义由马丁提出，经由费希进一步发展完善。两人的观点略有不同，但核心都在于强调析取主义者如果想要保留朴素实在论的洞见，对幻觉能且仅能给出一种纯粹的认知解释（Epistemic Account of Hallucination）。这里先介绍两人的观点，然后说明两种观点如何回应相关的幻觉论证。

马丁认为幻觉仅能拥有一个消极的认知意义上的属性：

> ……当涉及对幻觉经验的心灵刻画（mental characterization），我们仅能持有一种关系性的、知识论意义上的主张，即它是与知觉不可分辨的。某种意义上，析取主义者会坚持对因果匹配的幻觉经验而言，只存在一个消极的刻画：它除了是一个与真实知觉无法分辨的情景什么也不是。（Martin，2004：72）

这也意味着对幻觉的现象特征我们也只能作出相应的消极解释：

> 对因果匹配的幻觉而言，我们也只能说它的现象特征与相应的真实知觉的现象特征是不可分辨的。（Martin，2006：69）

马丁的方案要点有二：一是幻觉拥有的唯一属性是与真实知觉不可分辨，这种不可分辨是认知意义上的不可分辨，具体在费希看来可定义为“x 是与关于 F 的真实知觉不可分辨的，当且仅当，感知者不可能仅凭反思即可知道 x 不是关于 F 的真实知觉”（Fish，2009：89）；二是幻觉中感知者拥有的一切现象感觉都依赖于幻觉的这一消极的认知属性，即对幻觉中的感知者而言，即使外部世界中的对象 F 不存在，但因为幻觉拥有的这唯一消极属性，它也至少似乎是有一个对象 F。

基于这两点，马丁认为他成功地回应了现象—幻觉论证与解释冗余论证。[①] 真实知觉与幻觉共享一个认知属性“与真实知觉认知

① 尽管马丁的表述中强调了幻觉的因果匹配，但是他的讨论中并没有如本书第二章重构的因果—幻觉论证那样将近端因果匹配及其背后所展现的经验科学研究强大的说服力作为论证效力的来源，而是带着因果—幻觉论证的结论直接进入解释冗余论证。换言之，他并没有真正将因果—幻觉论证独立出来，因此这里讨论的只是对他本人构造的幻觉论证的回应。

意义上不可分辨”，对真实知觉而言，这一点是不言自明的；对幻觉而言，这一属性解释了它为什么与真实知觉不可分辨，也解释了幻觉所有的现象特征。但这一认知属性并不妨碍真实知觉同时具有朴素实在论所主张的属性，即知觉经验必然由对外部世界对象的有意识的感官觉知构成，且这是解释真实知觉现象特征的核心属性，而幻觉并不具有这一属性，因此现象—幻觉论证的 P3 不成立。更重要的是，这一认知属性是幻觉拥有的唯一属性，而它无法屏蔽真实知觉的核心属性的解释力，因为其自身的解释力都是过继自真实知觉的核心属性，因此解释冗余论证的 E3 不成立。

费希总结了马丁的方案可能面临的两个问题：一是斯特金（Sturgeon，2006）指出马丁的不可分辨概念中要求相关知识必须是通过反思获得的，然而关于哪些知识是反思可知的存在大量争议；二是西格尔（Siegel，2004；2008）指出马丁的方案严重依赖于感知者拥有相应的认知能力，而对于不具有认知能力的生物个体（例如狗），尽管我们也会认为它们可能存在幻觉，但是根据马丁的方案它们却并不可以。[①]（Fish，2009：89－93）

为避免上述问题，费希自己提出了一种更加激进的消极的析取主义方案。他给出了一个相对形式化的关于幻觉的定义，这里只引用该定义的自然语言表达：

> 对一个心灵事件 e，如果它是一个纯粹的幻觉，它必须在缺少现象特征的同时，能够产出和真实知觉 V 一样的认知后果，且真实知觉中的理性主体与幻觉中的主体享有同样的背景信念、欲望以及其他心灵状态（同样的信念设定 doxastic setting）。（Fish，2009：94－95）

---

① 除去这两种反对意见，史密斯将马丁的析取主义称为“极端的析取主义”（extreme disjunctivism）并提出反驳意见，参考 Smith（2008：180－184）；伯吉、鲍兹从经验科学研究的角度加以反对，参考 Burge（2005），Pautz（2011）；关于马丁消极析取主义的反驳的综述，可参考 Nudds（2009：340－344）。

在笔者看来，费希的理论更应被称为关于幻觉的认知功能主义理论，幻觉被完全解释为一种感知者的认知功能失常（malfunction）。其与马丁的不同之处在于：一是持有一种彻底的关于幻觉现象特征的取消主义立场（Fish，2009：93）；二是关注于产出相同的认知结果（cognitive effects），而不强调相关知识是否通过反思获知（Fish，2009：95）；三是对不可分辨的理解从类型层面降到个例层面（Fish，2009：95）。

基于上述三点改进，费希认为自己在保留了马丁方案优点的同时规避了其问题。但在笔者看来，他对最核心的问题——幻觉的现象特征存废比马丁更为极端。撇开技术细节，这带来一个最直观的问题是，费希的方案让我们相较于马丁的方案，更有理由怀疑他是否仍然在讨论一种知觉现象，纯粹的认知错误能否等同于我们所说的幻觉，或者更极端地问，当一切解释都落在认知维度而非经验维度，我们在何种意义上还在谈论作为经验的幻觉。

尽管消极的析取主义在解释冗余论证之后占据主流，但仍存在一些析取主义者认为我们应当对幻觉乃至更一般的坏情形给出积极的解释。

二　积极回应：知觉经验的关系解释

当下尝试积极回应的方案采用的共同策略是“求同存异”。在最低限度上“存异”，即保留朴素实在论的直觉，坚持真实知觉中对外部世界的对象和属性的直接感官觉知构成了知觉经验，而幻觉中没有。同时小心“求同”，不否认真实知觉与幻觉之间可以存在共同点，这些共同点解释了幻觉与真实知觉主观现象感受不可分辨的直觉，且正面解释了幻觉的现象特征。积极回应的难点在于需要在“同”“异”之间保持一种微妙的平衡。这种平衡很难达到，当下的积极回应或多或少都会在某一点上做出让步。

这里试以朗萨姆（1997/2009，2017）为代表进行考察，他试图辩护一种显现理论（The Theory of Appearing）。[①] 在他看来，知觉经验的现象特征[②]乃至知觉经验本身本质上都是一种物质对象与心灵之间的关系，例如“一个苹果对我们显现为红色”，其中“显现为红色”（appearing red）是一个二元谓词，它指称一种被物质对象（苹果）和心灵（我）所例示的二元关系。朗萨姆的析取主义立场体现在：

> 知觉经验和幻觉的现象特征共享了相同的显像（appearance）……但是这并不意味着两者共享相同的本体论特征（ontological character），知觉经验的现象特点（phenomenal feature）是对物质对象和心灵之间的关系的例示，而幻觉不是。（Langsam，2009：186－187）

这里朗萨姆明确地做到了“求同存异”，并且“同”“异”分别起着不同的功效：

> 显像的相似性需要被用于解释知觉经验与幻觉的不可分辨；本体论特征的不同需要被用于保留显现理论的定义性论题，即知觉经验的现象特点（但不是幻觉的现象特点）是物质对象与心灵之间的关系。（Langsam，2009：188）

基于上述理由，朗萨姆回应了现象—幻觉论证。[③] 他同时也考察

---

① 认同对幻觉（或一般的坏情形）应当做出积极解释的析取主义者还有罗格（Logue，2012a；2012b；2013），丹溪（Jonathan Dancy，1995/2009）。罗格同样主张我们应当对幻觉现象做出积极解释，但奇怪的是她同时也认为我们应当对知觉经验的现象特征持一种取消主义立场（Logue，2012a）。丹溪只是认为我们应当给出积极解释，但是没有给出自己特别正面的回答。

② 朗萨姆更多地使用现象特点（phenomenal feature）一词，它是现象特征的特定方面（specific aspects），这里为方便讨论，统一使用现象特征一词，而下述引文遵循原文。类似地，他在使用知觉经验一词时意指的就是我们所说的真实知觉，需要读者留意。

③ 这里要特别注意朗萨姆对“不可分辨”的理解不同于马丁的认知不可分辨，他的不可分辨是基于主体“完全依靠对该事件的经验”（solely on the basis of experiencing that event）而不能分辨，这是一种经验意义上的不可分辨，因此朗萨姆对现象—幻觉论证的回应与马丁存在本质不同。（Langsam，2009：186）

了罗宾逊的因果论证，其回应的基本策略是强调罗宾逊的“同因同果”原则仅适用于结果的本质变化（intrinsic changes），不适用于结果的关系属性的变化，而自己所定义的知觉经验的本质是物质对象和心灵之间的关系属性，因此显现理论并不违背“同因同果原则”。[①]

值得注意的是，尽管朗萨姆否认幻觉的现象特征的本体论特征例示了对象与心灵之间的关系性属性，但他并不否认存在积极解释的可能：

> 没有理由认为不存在（关于幻觉现象特点的）积极解释。例如，幻觉的现象特点是物理空间区域（regions of physical space）与心灵之间的关系，在该物理空间区域中幻觉对象（the hallucinated objects）似乎存在（seem to be）。[②]（Langsam，2009：193）

显然，朗萨姆的显现理论是典型的积极回应策略。但尽管他保留了对幻觉进行积极解释的可能性，同时看似回应了幻觉论证和因果论证，然而正如笔者开始所述，积极回应很难在“同”“异”之间达到良好的平衡。无论是他用来解释两种经验不可分辨的“显像”（同），还是用来保留两种经验差异的“本体论特征”（异），似乎都存在问题：前者自身的本体论合法性成疑，显像本身究竟是什么，它存在于现实之中还是留存于心灵之内，这些问题都未得到更清晰的说明；后者问题在于，倘若我们接受显像意义上的“同”，我们还有什么其他资源用来保留和说明“本体论特征”的“异”，似乎这

---

① 朗萨姆对因果论证的讨论以罗宾逊版本为目标，因而回应策略核心在于规避“同因同果”原则。（Langsam，2009：188－194）在笔者看来，他的策略事实上与约翰斯顿（Johnston，2004）一致，都是强调在因果结构之外还存在辨别真实知觉与幻觉的方式，但这样做的缺点也非常明显，即面临解释冗余论证的压力。

② 严格来说，这个积极解释只是保留了可能性，但无论是“物理空间区域”还是“幻觉的对象”是什么，朗萨姆都未给出明确的说明。类似地，约翰斯顿的某种“未被例示的概念”同样未被明确解释。（Johnston，2004）

只是一种便宜的说辞而已。[①]

三 缺陷：被主观不可分辨蒙蔽的知觉能动性

综合上述考察，笔者认为两种方案都存在问题。这里先从消极的析取主义进行评价。

首先，从方法论角度而言，在笔者看来，为幻觉、错觉等非真实知觉情境提供一个积极解释是一个好的知觉理论题中应有之义（回顾第一章标准一），马丁、费希否认幻觉具有现象特征的做法只是逃避问题而非解决问题。

其次，就广义的对知觉经验的理解而言，在笔者看来，如果幻觉依其本性仍然归属于广义的知觉经验（perceptual experience *in general*），那么其本质就应当是一种感官状态（sensory state），现象特征就应当是其本质属性，应该存在“经验像什么”（what it is *like*）寓于其中。[②] 马丁对广义的知觉经验持有一种谦逊的认知构想：一个心理事件要成为一个知觉经验，当且仅当它能够满足“与关于某对象的真实知觉不可分辨”这样一个认知条件。（Martin，2004：48）在笔者看来，这是对广义的知觉经验本身的严重误解，因为知觉不同于思想（thought），基于感官的现象特征才是其本质属性。因此，如果硬要说幻觉相较于真实知觉是某种缺陷的话，那么缺乏的也应当是认知层面的内省而非经验层面的现象感受。

最后，整个消极的析取主义方案似乎对解释冗余论证有回应过度之嫌。因为担心朴素实在论主张的真实知觉核心属性的解释力

---

① 学界既有对朗萨姆观点系统的评析和反驳，参考 Djukic and Popescu（2003：69 - 91）。

② 这一观点部分来自 Langsam（2009）；Smith（2002，2008）。费希认为他的观点并不会导致幻觉中的感知者缺少“what it is *like*”，因为在他的理论中幻觉中的感知者有诸多信念，因而可以有“what it is like *to believe*”。（Fish，2009：98，Note 19）但笔者并不认为“what it is like *to believe*”对解释幻觉的现象特征有多大意义，它和感官经验中的现象感受无论是形式还是内容上都不一样。

被相应的幻觉属性的解释力所屏蔽，就干脆直接取消对幻觉所有的正面刻画，只保留一种以“不可分辨”为基础的认知特征，这未免让人觉得整个消极的析取主义只是为了保住朴素实在论而做出的特设性辩护。无论是马丁还是费希，他们都缺少对因果—幻觉论证的真正深入考察，都直接接受了近端因果匹配会带来现象特征的等同，因此只能消极应对幻觉。而在笔者看来，他们的悲观为时过早，本书在第三节回应因果—幻觉论证与解释冗余论证时会详加说明。

积极的析取主义相较于消极的析取主义当然有其优势，比如保留了幻觉的现象特征，其基本思路也是笔者所赞同的。但如果说消极的析取主义是“忧虑过重，未战先降”，那么积极的析取主义就是“乐观有余，战力不足”。在回应现象—幻觉论证时，为了保留不可分辨的直觉而虚设一些共同点，但都未得到很好的解释，结果就是其自身的本体论地位存疑。在回应因果—幻觉论证和解释冗余论证时，面对“同因同果原则”直接选择绕开，并未对因果论证本身进行深入分析，要么将朴素实在论主张的核心属性变成次要属性，要么将其变得与因果解释无关，最终都在解释冗余论证面前一败涂地。

在笔者看来，造成上述两种方案失败的根本原因在于对知觉经验的本质没有清楚的把握。幻觉论证中真实知觉与幻觉的现象感受主观不可分辨，让人们误以为真实知觉与幻觉只有外部世界中的对象存在差异，而两者内在属性上没有差异，因此只能通过一种外在的关系性属性来区分两者。这在笔者看来无疑是被主观不可分辨蒙蔽了。真实知觉与幻觉存在内在属性的差异，或者更准确地讲，真实知觉与幻觉存在本质属性的差异，即真实知觉是本质上展现了感知者知觉能动性的知觉行动，而幻觉只是仅发生于感知者之上的事件。笔者在本章余下的小节将围绕这一点构建自己的理论并尝试回应相应的反驳论证。

第二节　知觉与行动

在笔者看来，引入行动概念来重解知觉是回应上述诸多疑惑、重新发现知觉能动性的关键。近年来认知科学中对于行动与知觉紧密关系的考察方兴未艾，正如本书第一章第四节所述，在认知科学领域，以生成主义（Enactivism）为代表的新兴范式打破了传统关于知觉的刺激—反应模型的理解，而代之以行动为范式来理解知觉，主张知觉本质上是一种行动，是感知者对外部世界的积极的探索而非被动的接受。这些观点形成所谓的"行动转向"，在心灵哲学、知识论等领域获得了广泛的关注和讨论。

但在本节中，出于本书的论证目的，笔者的关注点不在于认知科学方向的讨论，而在于从概念分析的角度对知觉—行动关系进行建构，并尝试说明知觉本质上应当是一种具身的有意行动。① 具体而言，首先笔者会说明什么是"具身的有意行动"，它是体现了行动者能动性（agency）的行动，而这种能动性又具体展现为身体性的意向性和概念化的具身性。接着笔者会分析两种行动—知觉的类比，说明通行的类比源于一种错误的对行动和知觉的合取式分析，忽略了好情形和坏情形中的能动性差异。紧接着笔者会通过考察三个对比进一步说明为什么知觉应当是一种行动。最后，笔者将正式完成基于上述行动概念对当下知觉概念的重构，并对真实知觉、幻觉和

① 这并不代表认知科学中的讨论对本书观点没有影响，无论是在讨论意向性还是具身性概念时，本书都会涉及认知科学中对这些议题的讨论。特别是在本章第三节回应因果—幻觉论证时，笔者会直接借用知觉生成主义的资源来进行回应（在笔者看来，知觉生成主义与朴素实在论存在天然的理论契合）。但笔者的工作与当下知觉生成主义者的工作也存在不同：本书希望借助基于行动重构的知觉概念来辩护一种朴素实在论—析取主义立场，因此更多的是以概念分析的方式来论证何以知觉应当是一种具身的有意行动，以及这种概念重构如何能够帮助我们回应第二章的诸多反驳论证。

错觉作重新定义与考察。

一　具身的有意行动

"什么是行动?"本身就是行动哲学中的核心议题，如何将行动与单纯的身体性运动（bodily movement）或仅发生的事件（mere happening）区分开，至今仍存在广泛的争论。①

在本书中，笔者将行动理解为一种具身的有意行动，它是一种体现了行动者能动性的活动。这一诠释显然服务于笔者全书的核心目标，即运用行动来理解知觉与知识。笔者这里的工作并不期待符合所有行动理论对行动的解释，而是尝试兼采众长，给出对意向性、具身性、能动性合理且适切于本书论证目的的解释，为后文进一步的概念重建工作张本。

（一）行动的意向性

首先笔者理解的行动是一种有意行动（intentional action），与仅发生的事件相对立。在第二章历史回顾部分，笔者介绍了安斯康姆总结的行动意向性描述的三个特点，其中第三点复述如下：

> (3) 关于有意行动的描述可能不为真，你做了某事，但你意图去做的事却并未发生。(Anscombe, 1981: 4)

笔者指出，在安斯康姆的行文中，知觉意向性与行动意向性存在一种类比意义上的统一，因此相应的对知觉而言：

> (3＊) 关于意向对象的描述可能未必有对应的物质对象，

① 行动哲学中对这些问题的回答形成了不同的行动理论，笔者并没有选择特定的行动理论作为自己对行动理解的来源。对行动概念一般性的理解可参考 George Wilson, Samuel Shpall, and Juan S. Piñeros Glasscock, (2016)。

> 你可能处于幻觉与错觉之中。(Anscombe，1981：4)

笔者在第二章便说明这里的（3）和（3 *）可能导致一个误解，即依据安斯康姆作出的意向对象与物质对象的划分，而误以为安斯康姆是一个表征论者，误以为在她看来行动与知觉之中必然存在一个内在的意图或心理表征。在笔者看来，这是对安斯康姆的重要误解，它忽略了安斯康姆在《意图》一书中展现出的朴素实在论倾向，即反对一种对有意行动的合取式分析，或者说反对一种对意图（intention）的内在化解读。[①] 澄清这一点，有助于我们更好地理解行动意向性不同于心灵状态的意向性（the intentionality of *mental state*），进而有助于我们重新理解知觉意向性。

安斯康姆在《意图》第 19 节有如下表述[②]：

> 我们在将某行动描述为是有意的（as intentional）时候，并没有给该行动添加什么东西。(p. 28)
>
> 如下做法将是一种错误，即寻找对于发生的事情的特定基本描述（*the* fundamental description）——例如肌肉或分子的活动——然后将意图设想为某种可能非常复杂的东西来限定这种基本描述。唯一要考虑的事件就是有意行动本身，称一个行动为有意的就是说在我们给予（或能够给予）它的某些描述下它是有意的。(p. 29)

---

① 公允地讲，对安斯康姆的表征论式解读也并非全无依据，例如在《感官的意向性：一种语法特点》一文中，她针对一种日常语言哲学（ordinary language philosophy）对知觉的解释提出了批评，这的确像是对朴素实在论主张的批评。（Anscombe，1981：15）但在笔者看来，如何解读安斯康姆取决于如何综合地看待安斯康姆的哲学遗产，其在《意图》一书中展现的朴素实在论倾向是毋庸置疑的，而前文中对意向对象的使用则非常克制（只是一种语法上的分析，并非本体论上多出一个东西）。本书的重点不在于辨明对安斯康姆的何种解读更为准确，而在于从其哲学遗产中获取有用的资源。

② 对该书的引文均由笔者依据 Anscombe（2000）自行译出，引文只标注小节和页码，下同。

在笔者看来，上述引文清晰地表明安斯康姆反对一种对于有意行动的合取式分析，即将有意行动理解为某种外在的物理层面的活动（引文中的“肌肉或分子的活动”），再加上某种内在的心灵层面的构件（引文中的“意图”）。[①] 相反，有意行动本身是基础性的，“是有意的”是我们给予该行动的一个描述，却并非其构件。这种反合取式分析让我们对行动意向性有了更深的理解：它不是一种行动的内在构成因素，而是行动本身的特征，展现于行动过程之中。

这一点在安斯康姆反对一种对意图的内在化解读中体现得更为明显：

> 一个人在行动中的意图并非那么私人和内在（private and interior），并非如同他对自己梦到的内容那般拥有绝对的权威。（§22：36）
>
> 一个人可以通过对自己喃喃私语来决定自己的意图是什么，这无疑是愚蠢的。（§25：42）

在笔者看来，上述引文清楚地表明安斯康姆并不认为行动的意图是一种只有行动者自身能够言说的、具有绝对第一人称权威的、内在化的心灵状态；相反，它应当是展现于行动之中的、公共可观察的。你想要了解一个人行动的意图，你看他做了什么就知道了，意图最终展现于行动之中而非封闭于大脑之内。正如她在第 27 节末尾的总结：

> 所以意图从来不是一个心灵之中的表现（performance），尽管某些情况下被严肃地当真（seriously *meant*）的心灵表现可能对解释

---

① 这种反合取式分析与知觉、知识的反合取式分析有异曲同工之妙，其背后反笛卡尔式二元论图景的主旨也是贯通的，可与 McDowell（1995），Williamson（2000）对比阅读。笔者在第五章第一节也将总结行动、知觉与知识在这一点上的统一性。

> 一个人的行动产生影响，例如拥抱某人。但问题中的情景，外向的行动（outward acts）某种意义上必然是“重要的”。(p. 49)

然而一个显见的问题是，如果我们反对有意行动的合取式分析以及意图的内在化解读，那么我们如何解释行动意向性描述的特点(3)？日常经验告诉我们似乎的确存在我们意图做某事，事实上意图的事件却并没有发生的情景。而在通常的行动—知觉类比中，这也对应了知觉情形中的幻觉情形和错觉情形。

对此安斯康姆给出了非常复杂的知识论讨论，例如她区分了观察知识与非观察知识、实践知识和思辨知识，分辨了表现的错误（error in performance）和断言的错误（error in assertion），并基于这些区分控诉了当代知识论对实践知识的长久误解。对于这些知识论讨论笔者将在第四章进一步详加讨论，而这里直接跳到安斯康姆的结论，即她提出的一个口号：“行即所是”（I do what happens）：

> 那即是说，当对于所发生的事件的描述就是我对于我正在做的事情的描述时，那么我所做的事与所发生的事没有区别。(§29：52-53)

在第48节，安斯康姆更令人惊奇地补充说明：

> 它看起来可能令人吃惊，即意图实行的失败（failure to execute intentions）必然是少数的例外（rare exceptions）……必然是少数例外的是，在一个更直接的描述中（in its more immediate descriptions），一个人的表现（performance）不是他所预想的（what he supposes）。(p. 87)

这里需要审慎地理解安斯康姆，她并非要否认我们的行动或知觉是可能出错的，这将不可避免地滑向唯我论或观念论；她真正要否认的是我们可能大范围地出现意图无法在行动中得到展现的情形。这里的“一个更直接的描述”在笔者的理解中是指从第一人称视角进行的描述，“一个人的表现不是他所预想的”是指行动与自身的意图相抵触。换言之，“事与愿违”总是可能的，因为无论是作为生物个体还是理性存在者，我们都是有限的存在；但长期的“行非所愿”却是古怪的，因为这将从根本上否认我们拥有自由意志以及实践自由意志的能力，断绝主体间公共可通达的交流，进而从根本上消解我们作为理性存在者乃至生物个体存在的可能。

在笔者看来，这里的核心洞见与朴素实在论—析取主义的精义不谋而合，即我们至少应当保留“行即所是”（相应地在知觉中则是“观物如实”[①]）的可能，怀疑论者可以坚持行动或知觉总是可能出错的，但这并不意味着即使在成功的行动中或真实知觉中，我们意图所做的事以及我们所看到的东西仍然与世界之中的事态或事物存在某种本体论上的隔阂。

回到行动的意向性，上述安斯康姆有关有意行动的讨论带来的有益启示在于：行动的意向性不同于心灵状态的意向性，行动意图不是作为某种心理的东西关涉（about）外部世界，其与外部世界的关系本质上不是一种表征关系；相反，行动意图展现或践行于行动之中，某种意义上它是一种身体性的意向性（bodily intentionality）[②]，它借助于身体性活动变得公共可通达，并借助行动得以在世界中得到践行。

值得注意的是，本书第一章在论述知觉经验的意向性时，曾在注释里解释英文中的 intentional 有两个意涵：一种是关涉性（about-

① 这里借用了张浩军对塞尔“seeing things as they are”的翻译。（Searle，2015/2021）

② “身体性的意向性”来自于胡塞尔（1977），梅洛－庞蒂（1945/2012）给予进一步发展，当代生成主义进路将其发展为一种生成的意向性（enactive intentionality），参考 Gallagher（2017，Chapter 4）。笔者援引这一概念的用意在于强调它与心灵状态的意向性的差异。

ness），一般是指某种心理状态关涉某种非心理事态，进而心理状态具有相应的内容；另一种则是有意性，特指某行动是在意图引导下的行动。在第一章笔者强调了两种意涵的差异，同时强调行动哲学语境下笔者更倾向于将 intentional action 译为"有意行动"。然而在本节的表述中，"有意行动"与"行动的意向性"是交叉使用且并行不悖的，这部分原因在于作名词的 intentionality 在中文中仍是译为"意向性"最为妥帖，部分原因则在于本书对"行动的意向性"之理解恰恰是要把两种意涵融会在一起。行动之意向性之所以是有别于心理状态的意向性，就在于其"关涉性"借助于身体和行动而变得更加具体，行动的"内容"本身就展现于身体性的活动之中；同时，这也是行动之为有意的题中应有之义。

（二）行动的具身性

所谓具身，通常是指以身体为基础展开相应的经验与活动。行动天然是具身的，我们通常所说的行动都是指人依靠自己的身体做出的身体性行为，例如用眼睛看、用手摸等。因此说行动是具身的可能略显冗余，然而笔者这里之所以仍然强调行动的具身性，是因为具身性在进行知觉概念重构时具有重要作用。笔者试图通过麦克道尔与德雷福斯（Hubert L. Dreyfus）的争论，说明自己所理解的行动的具身性是概念化的，并且这种概念化的具身能够更好地解释具身性行动的前反思内在觉知（pre-reflective inner awareness）特性。

具身概念在现象学传统中得到广泛讨论，例如胡塞尔与梅洛-庞蒂对此都有精彩的论述。胡塞尔区分了活生生的身体（lived body）与物理的身体（physical body）：前者是指主体在知觉、行动等经验中感受到的身体，是直接呈现给主体的；后者则是自然中的一个对象，是由诸如神经、肌肉、骨骼等物质构成的一个系统，它自身不主动呈现给我们，只有通过科学的研究才能加以了解。（Husserl，1913/2014，*Ideas I*；1912/1989，*Ideas II*）。梅洛-庞蒂在其《知觉现象学》一书中对胡塞尔的具身概念做了进一步深化，丰富了胡塞尔的区分，强调主体对自身身体的感知在现象场域（phenomenal field）中的重要作用

（Merleau-Ponty，1945/2012）。[①] 分析哲学传统中近来也有越来越多的讨论，特别是认知科学中新兴的具身认知进路格外看重这一概念。瓦雷拉（Varela，F.）、汤普森（Thompson，E.）与罗什（Rosch，E.）最早提出“具身行动”概念，用以替代传统的基于计算—表征的认知模型。试引以下文字说明：

> 使用具身一词，我们意在突出两点：第一，认知依赖于各种经验，这些经验得自于拥有一个具备各种感知运动能力的身体；第二，这些单独的感知运动能力自身内嵌于（embedded）一个更广泛的生物、心理和文化情境中。使用行动一词，我们意在再度强调感知与运动过程、知觉与行动本质上在活生生的（lived）认知中是不可分离的。[②]（Varela，F.，Thompson，E.，and Rosch，E.，1991：173）

上述文字基本代表了当下对具身行动的主流理解，强调了大脑—身体—环境在活生生的认知中形成了一个不可分离的系统。这种理解本身没有问题，但德雷福斯与麦克道尔的争论提示了具身化趋势可能存在的一个隐忧。

德雷福斯认为麦克道尔在拒斥所予神话（the Myth of the Given）的同时，自己却创造了新的心智神话（the Myth of the Mental）。所谓心智神话，是指如下先验主张：如果我们的心灵能够与世界相联系，那么每一种相连的方式都必然是概念化的。在德雷福斯看来，麦克道尔的图景仍然保留了笛卡尔意义上的世界与感知者、能动者之间的分离，这种图景从根本上误解了我们与世界产生关联的方式，我们不是通过概念或意向性内容完成心灵与世界的勾连，而是在一种

---

① 这里对胡塞尔、梅洛-庞蒂关于具身概念观点的概括参考 David Woodruff Smith（2019：137）。亦很感谢 David Woodruff Smith 本人引导笔者关注现象学领域对这一概念的讨论。

② 转引自 Shapiro（2019：59）。译文由笔者自行译出。

沉浸式的应对（absorbed coping）中与世界融为一体。[①]

麦克道尔的回应是德雷福斯误解了自己的心智概念，所谓的心智神话只是一种与世界分离的心智概念的神话（the Myth of the Mind *as Detached*），德雷福斯预设了心智概念必然带来与世界的疏离，而自己的心智概念则否认这种分离，概念化的知觉或行动并不意味着其中蕴含着一个与世界剥离的能动者；相反，能动者正是通过概念化的知觉或行动与世界直接联系在一起。[②]

对这场争论国内外都有大量的讨论，笔者无意于展开太多，而聚焦于争论中两人对具身概念以及心灵—世界关系的不同理解。[③] 德雷福斯会以具身性技能行动作为反例来攻讦麦克道尔的概念论主张，例如国际象棋大师在下棋时并不需要反思性的概念活动，而是沉浸于周遭的环境之中，于一种行动之流（acting in flow）中做出相应的行动。德雷福斯接受存在主义现象学家（以海德格尔与梅洛－庞蒂为代表）所描绘的世界图景："我们沉浸于其中的世界并不是与我们自身相对立的一组可被命题把捉的事实的集合，而是沉浸的应对者（absorbed coper）直接生活其中的（directly lived）不断转换的吸引与推离的场（a shifting field of attractions and repulsions）。"（Dreyfus，2013：17－18）在此图景中，我们与世界是融合的（merged），甚至"我们不是作为主体（subjects），努力想要弄清楚独立的客观实在（independent objective reality）是怎样的，而是被力场所吸引，在其中保持持续的应对（ongoing coping），就像是飞行员遵循信号流的引导"（Dreyfus，2013：21）。与之相对，在麦克道尔（德雷福斯称其

① 德雷福斯与麦克道尔的这场争论持续颇久，其间两人都在不断地增进自己对反驳意见的理解，同时也不断修正自己的观点。德雷福斯的文章主要有 Dreyfus（2005，2007a，2007b，2013）。这里的总结基本都依据他最后一篇文章给出，可以看出即使到最后他依旧认为概念化的心智活动是与世界的疏离。

② 同理，麦克道尔也有一系列文章，McDowell（2007a，2007b，2013），本书的梳理同样主要依据麦克道尔在此争论中的最后一文。

③ 国外讨论参考 Schear（2013）。国内讨论可参考郁锋（2019：3－11）。

为先验思考者）的图景中，我们的知觉、思考乃至行动中都会与独立的实在保持着疏离的关系。

德雷斯福乃至存在主义现象学家描绘的图景诗意而诱人，也是启发了当前所谓具身认知纲领的图景。但在笔者看来，正是这幅图景构成了具身化趋势的一个隐忧，即我们的确需要反对笛卡尔意义上的心灵—世界的区隔，但这是否意味着我们需要做到取消行动、知觉乃至思考中主体与独立的客观实在之间的区分？笔者认为这完全是“过犹不及”的做法，因为在这样的图景中，能动者（agent）变成一个令人迷惑的存在。反对心灵—世界的区隔，并不意味着取消外部世界的独立性，更不意味着取消主体的独立性。因此在这场争论中，笔者更支持麦克道尔的立场。心灵的确不是在笛卡尔意义上与世界相分离的（这是德雷福斯强加给麦克道尔的分离的心灵概念），但这并不意味着我们只是无概念地应对世界；相反，行动的具身性应当是一种概念化的具身性（conceptual embodiment），我们是作为独立的能动者掌控着自己的有意行动，在行动中以一种理性的方式对世界做出理性的应对。

值得注意的是，这种掌控不必是反思性的（这是德雷福斯对概念化的行动或知觉的另一误解），相反可以是一种对自身行动的前反思的内在觉知。这一概念脱胎于布伦塔诺的内在意识，而萨特强调了它的“前反思”特征，并在当代心灵哲学语境中被进一步细化发展。（David Woodruff Smith，2019：138－140）存在前反思的内在觉知并不与行动、知觉乃至思考本身处于理由空间（概念空间）之中相冲突。这一概念的另一近似表述是安斯康姆所强调的关于自身行动的自我知识/实践知识，它同样体现了行动者对自身行动的掌控，具体见本书第四章的讨论。

（三）两者的统合：行动的能动性

上述对行动的意向性与具身性的讨论，在笔者看来最终可以有机地统一于行动的能动性（agency）。所谓行动的能动性，是指行动的实施都在能动者的引导之下（under the person's guidance）。[①] 这种引导具体地体现为行动的意向性与具身性，换言之，具身的有意行动就是人的能动性的范例式展现。

一方面，行动的能动性体现于行动的意向性。依据安斯康姆的定义，一个行动是有意的，仅当它处于特定的描述之下。但存在不同的关于行动的为真描述，如何确定哪个描述是对能动者意图的描述，对此，安斯康姆在《意图》48 节有如下表述：

> 更进一步，是能动者对于自己正在做什么的知识（the agent's knowledge of what he is doing）给出了相应的描述，在该描述下，正在发生的事情就是一个意图的执行。(p. 87)

“能动者对于自己正在做什么的知识”在安斯康姆看来是一种非观察性知识，它区别于观察知识，是一种第一人称视角的实践知识。这里笔者想强调的是，这种第一人称视角的实践知识体现了能动者对自身行动的把控，同时也正是能动者能动性的具体体现。没有这种实践知识和把控，就没有所谓的有意行动。本书第四章第二节会对实践知识及其与观察知识的关系作更多的讨论。

另一方面，行动的能动性体现于行动的具身性。行动天然地具有具身性，但正如麦克道尔—德雷福斯之争所揭示的，这种具身性本身应当是概念化的，体现为处于与世界贯通的心灵的引导之下，而不是单纯的身体活动或单纯的对世界变化的机械应对。因此，行动的具身性中包含一种前反思的内在觉知，而这与能动者的实践知识一样，体现了能动者对自身行动的把控。没有这种前反思的内在觉知，相应的身体活动并不能成其为自己的行动。

---

① 这里借用了法兰克福（Harry G. Frankfurt）对行动与仅发生的事件的区分，行动者的身体活动是否在他自身的引导控制之下，决定了它是否行动。法兰克福强调这种引导必须来自能动者（agent）自身，类似于一种能动者因果（agent causation），以反对戴维森的事件因果，除此之外，他对这种引导并没有给出更详细的说明。（Frankfurt, 1978）笔者这里借用了这一说法，又将其具体扩展解释为“具身的意向性”。

综合而言，或许这里最适合用麦克道尔的康德式格言做总结："没有外显活动（overt activity）的意图是无用的，没有概念的肢体运动只是仅发生的事件，而非能动性的表达。"（McDowell，1996：89）笔者对意向性的讨论是要把人的意图从心灵中拉出来，展示于公共可观察的行动之中；而对具身性的讨论却是要把人的身体推回到心灵中去，放置于概念构成的理由空间之内。值得注意的是，上述两个分句中的心灵并不指涉同一个心灵，前者是笛卡尔意义上的与世界截然二分的封闭的心灵；后者是麦克道尔所述的向世界敞开的开放的心灵。

最终，只有综合意向性与具身性，我们才能得到一个体现了行动者能动性的行动，也只有基于这种具身的有意行动概念，我们才能重建对于知觉的理解。但在进入具体的重构之前，让我们先来辨析两种不同的将行动与知觉进行类比研究的模式，并进而弄清楚我们应该在何种意义上理解幻觉。

二　行动—知觉的两种类比

知觉与行动的类比研究并不少见，但是在笔者看来，当下主流的类比方式是基于（或容易导致）一种错误的对知觉和行动的理解，因此笔者这里提出一种新的类比方式。两种类比方式反映了两个不同的关注侧面，给出两种不同的理解幻觉的方式。

两种类比如下表所示：

	行动	知觉	
类比$_1$	有意行动（intentional action） *vs.* 纯粹意图（*pure intending*）	真实知觉（veridical perception） *vs.* 幻觉$_1$（*Hallucination*$_1$）	缺失 外部世界对象
类比$_2$	有意行动（intentional action） *vs.* 仅发生的事件（*mere happening*）	真实知觉（veridical perception） *vs.* 幻觉$_2$（*Hallucination*$_2$）	缺失能动性

（一）幻觉$_1$——纯粹的意图

类比1是当下通行的行动—知觉类比方式，用有意行动与纯粹的意图的对比，类比于真实知觉与幻觉$_1$的对比。这种类比是基于纯粹的意图与幻觉$_1$的相似性，即两种经验中都缺少外部世界中的对象：纯粹的意图中意图去做的事没有发生，而幻觉$_1$中意向性对象并不真实存在。

值得注意的是，这种类比的背后隐含地预设了对行动和知觉的合取式分析是合理的，两组对比的差异都是外部要素（外部世界对象）的差异，而内部要素则是共享的：有意行动与纯粹的意图共享了相同的意图，真实知觉与幻觉$_1$共享了相同的心理表征。

这也解释了为什么类比1成为当下主流的类比方式，因为人们已经习惯于这种合取式分析。但倘若上文中安斯康姆对有意行动的合取式分析的反驳是合理的，那么似乎我们有理由重新思考行动—知觉类比的方式。

（二）幻觉$_2$——仅发生的事件

类比2是笔者主张的行动—知觉类比方式，用有意行动与仅发生的事件的对比，类比于真实知觉与幻觉$_2$的对比。这种类比是基于仅发生的事件与幻觉$_2$的相似性，即两种经验中都缺少能动性：仅发生的事件中缺少行动者的能动性，而幻觉$_2$中缺少感知者的知觉能动性。

与类比1的不同之处在于，本类比并不预设对行动与知觉的合取式分析。依据上文对能动性的讨论，它具体展现于具身的有意行动之中，本身并不是行动或知觉的内在要素，而是行动之为行动、知觉之为知觉的本质属性。因此，类比2可能更适合于对行动与知觉的析取式分析：一个事件，要么展现了行动者的能动性，进而成其为行动，要么仅是发生的事件；一个知觉经验，要么展现了感知者的知觉能动性，进而成其为真实知觉，要么只是发生于感知者之上的幻觉$_2$。①

一个可能的质疑是，类比2中是否还能保留真实知觉与幻觉$_2$的现象感受主观不可分辨，毕竟笔者这里强调两者之间存在主体维度

---

① 当然，能动性只是有意行动或者真实知觉的必要条件，却不是有意行动或真实知觉的充要条件，这里的表述只是为了凸显能动性要素适合于析取式分析的框架，具体的充要条件还需要进一步完善。

的能动性差异。这是一个好问题，也是笔者基于类比 2 做出真实知觉与幻觉的区分，进而回应现象—幻觉论证时所必须面临的问题。笔者将在本章第三节回应现象—幻觉论证时给出详细的回应。

（三）两种理解幻觉的方式

值得注意的是类比 1 中的幻觉$_1$ 与类比 2 中的幻觉$_2$ 的比较，笔者刻意使用下标加以区分，以提示这是两种不同的理解幻觉的方式。

类比 1 中将幻觉$_1$ 类比于纯粹的意图，这说明对幻觉$_1$ 的理解是在幻觉$_1$ 中感知者主体维度与真实知觉没有差异，差异只体现在外部世界中的要素；类比 2 中将幻觉$_2$ 类比于仅发生的事件，这说明对幻觉$_2$ 的理解是幻觉$_2$ 中的感知者与真实知觉中的感知者主体维度也可以存在差异。这正是本章第一节中笔者给当下各种析取主义进路给出的共同诊断，即他们都被真实知觉与幻觉的主观不可分辨所蒙蔽，只关注当下经验与外部世界的匹配与否，而忽略了两者可能存在的主体维度的差异。在笔者看来，两种类比方式清晰展现了另一种可能，即幻觉与真实知觉不仅存在外在世界中的对象差异，还存在主体维度的能动性差异。

特别值得注意的是，幻觉$_1$ 和幻觉$_2$ 并不是完全不同的两类幻觉，而是对幻觉现象从不同视角的审视。在笔者看来，幻觉$_1$ 符合传统哲学讨论中的定义，但显然是片面的且没有抓住幻觉现象的核心，幻觉$_2$ 是对幻觉的更全面而深刻的理解。试思考如下两个案例：

（1）感知者 S_1 没有作出任何主动的知觉行动，他只是被邪恶的科学家改动了相应的脑神经活动，从而拥有了相应的“眼前有一张桌子”的现象感受且形成了相应的知觉信念，更重要的是他的周遭环境中真的有一张桌子，因此他的经验与信念是与事实相符的（veridical）。

（2）感知者 S_2 与真实知觉情形中的感知者一样，完美地做出了相应的知觉行动，然而他的每一个与外部世界的交互行为都被一个邪恶的魔鬼完美地欺骗。因此，尽管他的周围环境中没有桌子，但他同样拥有“眼前有一张桌子”的现象感受且形成了相应的知觉信念，只是他的经验与信念是非真实的（non-veridical）。

我们直觉上会认为 S_1 仍处于幻觉之中，但依据幻觉$_1$ 的理解，感知者 S_1 并不处于幻觉之中，因此只有幻觉$_2$ 能够保留我们的直觉。[①] 对于 S_2，依据传统讨论的定义，我们同样会认为他处于幻觉之中，但这并不与幻觉$_2$ 的理解冲突，因为能动性的展现只是真实知觉的必要条件，却并非其充要条件，所以当然存在感知者展现了其能动性，完美地完成了知觉行动，却仍有被世界欺骗的可能。在笔者看来，尽管两个案例都加入了虚幻角色，但案例（2）的情形要远比案例（1）更匪夷所思，因为现实世界中，服用致幻剂的确可能出现案例（1）的情况，而案例（2）中 S_2 做出完美的知觉行动，但世界完全不配合的情形更应当是少数。在多数的日常经验中，世界都是配合的。在某种程度上，案例（2）中 S_2 的经验与错觉只有程度上而无类别上的差异。

综合上述讨论，笔者在之后的行文中将以幻觉$_2$ 作为幻觉的标准理解（特殊情况需要幻觉、会以脚标说明），而展现了能动性却仍被世界欺骗的情形统一划归为错觉（相较于传统错觉定义，它只是程度上存在差异）。

三　为什么知觉应当是行动?

第一个小节阐明了笔者所理解的行动应当是一种体现了能动性的具身的有意行动；第二个小节的类比讨论则进一步说明行动与知觉的可能对应关系，强调我们不能忽略基于能动性缺失形成的类比。但笔者并不满足于只是在类比意义上说明知觉与行动的关系，而是试图说明知觉究其本质应当是一种具身的有意行动。

在认知科学语境中，目前有诸多理论在尝试完成类似的工作，

---

① 案例（1）的情况当下被称为 Veridical Hallucination 的情形而得到讨论，参考 Lewis（1980）。

例如知觉生成主义（Perceptual Enactivism）与预测加工模型（Predictive Processing Model），它们出于近似的目的——反对一种基于计算—表征的认知模型——而强调知觉与行动的紧密联系，甚至直接强调“知觉是一种行动”（Noë，2004：1）。

值得注意的是，之所以说上述理论只是尝试完成“类似的工作”，是因为在笔者看来，认知科学中对行动的理解大多仍停留在亚人格层面，要么对能动性至多只是给出一种功能主义解释（预测加工模型）①，要么不在规范性维度讨论能动性（知觉生成主义）②。这在笔者看来是远远不够的。笔者认可这些理论基于经验科学研究（设计、执行相关的实验，并对相应的实验结果做出定性分析）做出的尝试，它们增进了我们对于知觉本身的理解，但是他们的工作仍然缺少一个人格层面的规范性的解释。

---

① 霍伊将能动者（agent）等同于模型（models），并且认为依据自由能原则，有机体被赋予了能动性。（Hohwy，2017：3）在笔者看来，这种等同在很大程度上是一种功能意义上的等同，相当于将能动性理解为一种功能性属性而可以被亚人格的机体所例示，而这会面临“侏儒谬误”（Homunculus fallacy）的挑战，参考 Kenny（1971）。值得注意的是，同样支持 PP 模型的安迪·克拉克不同于霍伊，他倾向于将 PP 模型与具身认知纲领相结合，参考 Clark（2016，Chapter 6）。

② 有人会认为这对生成主义者而言有失公允，例如诺伊会承认“是动物（或人）看到，而非大脑”（Noë，2004：29），这似乎表明生成主义是在人格层面考量行动和知觉。笔者并不否认生成主义的某些论述可以在人格层面展开，但笔者与诺伊最大的不同在于，笔者坚持人格层面解释与亚人格层面解释的区分对知觉研究（无论是认知科学还是心灵哲学、认识论讨论）而言是重要的，而诺伊则主张这一区分对认知科学研究而言没有意义（当然这并不是说不能做出相应的区分）（Noë，2004：30）；特别是笔者（与麦克道尔一致）接受人格层面解释与亚人格层面解释的区分可以对应于规范解释与事实解释的区分（第二章第三节），而诺伊不会。在笔者看来，这是由我们之间的研究旨趣的不同所决定的，诺伊是为了反对传统认知科学基于计算—表征的认知模型，在这一点上笔者其实与诺伊一致（因此在回应因果—幻觉论证时笔者会援引知觉生成主义）。但本书的核心旨趣是辩护一种基于行动的朴素实在论，需要回应传统的幻觉论证与错觉论证，从规范层面说明知觉何以帮助我们了解和认知世界，这决定了笔者的讨论必然是基于人格层面的概念辨析。特别地，笔者对行动的理解更多的是受到安斯康姆的有意行动理论的影响。因此，尽管笔者和诺伊一样主张知觉应当是一种行动，但侧重点很不一样。

因此，笔者基于前两个小节的成果，通过澄清两个关于知觉经验的长久误解，以及考察一个经典的区分，尝试进一步从概念分析的角度说明何以知觉究其本质应当是一种具身的有意行动。

（一）心灵状态 vs. 行动

从本体论视角思考我们的知觉经验，在笔者看来，一个长久的误解在于将其作为一种心灵状态加以考察。

正如在讨论行动的意向性时所揭示的，它不同于心灵状态的意向性，不是简单的某种心理表征对外部世界的关涉，而是展现于行动之中的身体与世界的交互。如果天平两端是行动和心灵状态，那么在笔者将行动解释为具身的有意行动之后，我们似乎不应将知觉理解为一种单薄的心灵状态，而应当将其理解为一种具身的有意行动。将知觉意向性理解为一种心灵状态的意向性而非行动的意向性是一种误解，它忽视了知觉经验中感知者能动性的角色，是整个笛卡尔式心灵—世界二分图景的遗毒。

托马斯·里德认为知觉本质上是我们的活动，他以最简单的例证表明了上述误解的荒谬：

> 当我看房间的墙壁时，墙壁完全没有任何活动，它也没有任何活动能力；知觉它是我身上的一种活动或运作。这是人们在知觉方面的共同体会，只要看看任何语言中用于表达它的方式，就能轻松看出这点。（里德，1785：49）

这个最简单的例子，却阐明了本书关于知觉最想辩护的直觉：即如果我们不做点什么，我们就不会有任何知觉经验。知觉究其本质，是一个关涉人类行动的问题，而不是关涉人类思辨的问题。而我们的知觉研究长久以来将其置于思辨研究的传统中加以考察，这无疑使我们丢失了许多从行动视角审视知觉所能轻易获得的洞见。在思考知觉经验时，我们或许应当重新记起里德的如下教诲：

> 人应该是一个行动的存在者，而不只是一个思辨的存在者……我们除了由于我们的思辨能力而不同于野兽之外，至少还由于我们的行动能力而不同于它们。（里德，1788：导言）

当我们真正破除了笛卡尔式心灵—世界截然二分的图式，并建立起一个健全的对行动的理解之后，就没有理由仍将知觉经验理解为仅仅是由外部世界刺激引起的某种心灵状态。

（二）被动 vs. 主动

在笔者看来，对于知觉经验的另一个重要误解是将其视为被动的（passive）。这可能部分源于人们将其视为一种由外界刺激引起的心灵状态；反之，因为视其为被动的，又加深了人们将其视为心灵状态而非一种行动的想法。因此，破除知觉是被动的，行动是主动的，因此知觉不是行动的刻板印象，就显得极为重要。

然而"知觉是被动的"的印象并非那般容易被清除，有些学者即使承认知觉中包含活动（activity），但仍认为知觉究其本质是且必须是被动的。例如，麦克道尔在《心灵与世界》的一个注释中这样写道：

> 当然这不是说否认经验世界（experiencing the world）包含活动。探索是一种活动，诸如观察、观看等也都是。这类活动被一些认为我们从根本上就不应当将经验设想为被动接受（passive reception）的哲学家有效地强调，例如 J. J. Gibson……但是个体对经验中发生什么（what happens in experience）的控制是有限度的：个体可以决定自己身处何处，决定将自己的注意力倾注于何处，如此等等，但是即便做完这一切，最终个体能够经验到什么仍然不取决于个体自身。这就是我所坚持的最小主张（minimal point）。（McDowell，1996：10，Note 8）

上述注释表明麦克道尔并非完全否认知觉经验中包含主动的成

分，他只是在一个最小意义上坚持知觉经验是被动的，即个体对世界中发生的事（或存在的对象）的控制是有限度的。换言之，这就是笔者一直在强调的人作为生物个体与理性存在者的双重有限性。

除此之外，麦克道尔坚守知觉被动性，显然还出于他继承的康德主义传统：

> 经验是被动的，是一种接受性的运作，这一事实向我们确保了我们拥有所有理应期待的外在限制（external constraint）。（McDowell，1996：28）
>
> 赋予经验以日常经验性的被动性满足了我们的需求：它保证了当我们在经验思考中运用自发性（与概念使用相关联）时，我们不会将自己置于经验思考不受理性的限制（如同真空中无摩擦的空转）的境地。（McDowell，1996：42）

在笔者看来，无论是感知者的双重有限性，还是康德传统中对理性活动的外在限制的诉求，都毫无疑问是正确的，但关键在于这两点似乎都不必然要求我们将知觉理解为本质上是被动的。我们当然可以在承认自身的有限性，以及承认应当存在外部世界限制的同时，坚持我们的知觉是积极的对于外部世界的探索，两者并不矛盾。麦克道尔基于这些理由而将知觉视为本质上是被动的显然是不划算的，这让他的朴素实在论洞见蒙尘。

在澄清了关于知觉经验的两个误解之后，我们可以说在本体论意义上没有好的理由认为知觉经验仅仅是一种被动接受外部世界刺激而形成的心灵状态；相反，它更应当被理解为一种主动的具身的有意行动。

（三）心灵适应世界 vs. 世界适应心灵

哲学讨论中还存在另一个区分知觉与行动的重要理由，即所谓两种适应方向（two directions of fit）的区分。（Searle，1983）

通常而言，人们会认为知觉是心灵适应世界：作为一种认知性、接受性的活动，在知觉中感知者不断修正着自己的心理表征，以适应外在世界中的事实，世界本身是知觉经验规范性的来源。而行动则是世界适应心灵：作为一种实践性、主动性的活动，在行动中行动者运用自己的身体以及各种工具改造世界，以适应各种心灵的需求，心灵本身是行动规范性的来源。

这一区分被广泛接受，并对应着各种其他区分，诸如实践知识与思辨知识的区分。笔者并不想说这些区分毫无意义，因为尽管笔者在本书中试图说明知觉本质上是一种具身的有意行动，但这并不是说笔者否认所有传统意义上对知觉和行动的划分。即便作为一种行动，知觉行动当然也有别于其他行动。正如这种适应方向区分所揭示的，知觉行动的目的是增加对世界的认知而非改造世界，而其他行动则可能是纯粹的改造世界。在笔者看来，两种适应方向的区分其价值就在于揭示了两种不同的人类活动目的，其本质是认识世界与改造世界的区分。

但承认这一区分同样并不意味着否认知觉本质上是一种行动。首先，认识世界与改造世界两者本身就不是截然分开的，不认识世界就无从谈起改造世界；同时，不改造世界，那么单纯的认识世界又意义何在，正确的态度似乎应当是知觉与行动互为目的和手段。其次，即使是认识世界，也并非被动的接受，而应是主动的探索，对知觉经验而言，世界的确是规范性的来源，却不是也不应是规范性的唯一来源。

因此，笔者在本书的主张并不与这一区分矛盾，相反澄清了它可能带来的一些负面影响。

四　基于具身的有意行动重构知觉经验

基于上述工作，笔者这里尝试借用具身的有意行动概念来重构传统的知觉经验概念，并依据新的知觉经验概念对如下问题进行重新考察：（1）如何基于新的知觉经验概念区分真实知觉、幻觉与错觉；（2）如何解释幻觉的现象特征；（3）如何解释真实知觉的因果结构。对（1）和（2）的考察有助于回应现象—幻觉论证，对（3）

的考察有助于回应因果—幻觉论证。

（一）新知觉经验概念

依据上文的分析，笔者这里尝试给出一个一般意义上的新知觉经验概念：

新知觉经验概念

知觉经验本质上是感知者的一种具身的有意行动，体现了感知者的知觉能动性。

对这一新知觉经验概念，有如下简要说明：

（1）这里是针对一般意义上的知觉经验概念而言，并不涉及具体的真实知觉、幻觉和错觉的判定条件。

（2）这里并非给出一个知觉经验的充分必要条件，至多只是给出一个必要条件，因为并非感知者所有的具身的有意行动都是知觉。

（3）这里的"具身的有意行动"，其具身性与意向性符合本章第二节中的分析；知觉能动性是指整个知觉活动都处于感知者的理性控制之下，与本章第二节的行动能动性定义一致。

（二）重审真实知觉、幻觉与错觉的区分

基于上述新知觉经验概念，我们可以对如何区分真实知觉、幻觉与错觉作出新的尝试。简言之，结合上文关于行动—知觉类比的讨论，这里做出区分的核心大致有二：一是以是否体现了知觉能动性为标准区分幻觉与真实知觉和错觉；二是以知觉行动是否成功区分真实知觉与错觉。

试对真实知觉、幻觉与错觉给出如下说明：

（1）真实知觉，是指感知者以适切的方式成功地完成了相应的知觉行动，该行动是具身的有意行动，因此感知者主导的与外部世界中的对象的直接交互构成了其知觉经验的一部分。

（2）幻觉，是指感知者完全没有相应的知觉行动，但是因为某种特殊的原因（例如服用致幻剂或被邪恶的科学家控制），感知者拥有了相应的现象感受，甚至可以形成相应的知觉信念。

（3）错觉，是指感知者仍作出相应的知觉行动，但是要么因为行动执行存在缺陷；要么因为世界的不配合，而未能适切地知觉到外部世界中的对象；最极端的情况甚至可能外部世界中的对象根本不存在。

真实知觉中感知者可以知道自己是在主动地知觉外物，当下的所有现象感受皆“是己所欲”。这里的“是己所欲”有两层含义：一是当下现象感受与外部世界事实的匹配，这种匹配不是表征意义上的匹配，而是指通过具身的有意行动将外部世界纳入经验之中；二是感知者明确地知道当下我正在进行探寻外部世界的知觉活动，对自己当下究竟是否在进行某种行动拥有一种前反思的内在觉知。注意，这并不是说要求感知者在先地知道自己想要知觉到什么，现实中当我们开始一种知觉活动时，我们常常并不必然地在先地拥有一个明确的知觉目标。这里真正重要的是“欲”本身展现了对当下行动的把控，是知觉能动性的体现。

在幻觉中，即使当下的现象感受符合外部世界中的事实，我们也并不会认为感知者拥有对外部世界的真实知觉，因为他自己当下的现象感受都“非己所欲”。这里的“非己所欲”重点不在于现象感受与外部世界事实是否匹配（通常不匹配），而在于感知者对当下的知觉行为没有任何把控，处于一种“无欲”状态，没有任何知觉能动性的展现。

错觉是指感知者失败的知觉行动，介于真实知觉与幻觉之间，但又更接近于真实知觉而非幻觉。这里的有趣之处在于“失败”的原因可以是多样的，既可以是感知者行动的失误，也可以是世界的不配合；“失败”的呈现方式和程度也可以是多样的，既可以只是弄错了对象的属性，也可以错得离谱，连对象本身都弄错了。这种丰富性既使得它包括了传统讨论中的幻觉（前文对比讨论中的幻觉$_1$），也使得它有更多的可诠释性以分析不同的案例。

（三）重审幻觉的现象特征

回顾前文，在给出对幻觉的积极解释时，要兼顾以下两点：一方面要保留朴素实在论—析取主义的核心直觉，保证“好坏有别”，幻觉的积极解释不能喧宾夺主；另一方面，幻觉要得到充分的解释，且幻觉与真实知觉主观不可分辨。

基于上述对真实知觉与幻觉的区分，这两个目标并非不可实现。首先，依据笔者的分析，真实知觉与幻觉的核心区分依赖于经验本身是否展现了感知者的知觉能动性，这一点并不会因为两者的现象特征不可分辨或者近端原因匹配就有所改变，所以“好坏有别”的直觉得以保住，且幻觉的积极解释即使镜像复制到真实知觉中，也无损于真实知觉中知觉能动性所起到的独特作用。其次，幻觉中知觉能动性的缺失却并不妨碍感知者以不同的方式（致幻剂或者直接的脑神经改动）获得与真实知觉无异的现象感受，而“主观不可分辨”在基于行动的知觉经验解释中是非对称的，真实知觉中的感知者可以辨明自己处在好情形中，但这并不意味着幻觉中的感知者同样可以辨明自己处在坏情形中（详见下文回应现象—幻觉论证时的分析）。

更多的细节在本章第三节回复相应的反驳论证时会得到更细致的说明，这里笔者想提请注意一个方法论层面的解释限度问题，即哲学讨论中我们至多只能做到保留幻觉具有现象特征的可能性，但是这并不意味着哲学可以或需要解决为什么幻觉中能够有相应的现象特征（且可能与真实知觉一致）的问题，后者需要科学加以解释。在笔者看来，哲学解释的工作在于从概念分析角度说明幻觉的核心特征是知觉能动性的缺失而非外部世界对象的缺失，这从规范层面给出了幻觉与真实知觉做出区分的新标准，进一步完善了我们对于知觉经验作为人类的一种理性活动的理解，进而也增进了我们对自身作为能动者的理解。至于感知者何以能够在缺少知觉能动性的情况下拥有相同的现象感受，这个问题类似于在问致幻剂如何使得服用者得以产生相应的致幻效果，或者大脑中的哪一块神经网络活动对应了相应的视觉或听觉感受，这些是从经验事实层面对幻觉何以能够发生提出的问题，超出了哲学解释所能回应的范畴，而应当留给科学解答。

值得注意的是，意识到哲学解释的限度，并不是说就此将哲学解释与科学解释区隔开来。回顾第一章的标准四：一个好的知觉理论应当至少能够与关于知觉的经验科学研究相容。当下在事实层面的经验研究，科学领先于哲学已然是不争的事实，因此尊重科学解释成为共识；但对知觉经验的研究仍然存在规范层面肃清概念的诉求，因此哲学讨论亦是必要的，同时这也是本书不同于认知科学中诸进路之处。

（四）重审真实知觉的因果结构

基于新知觉经验概念，相应地对真实知觉的因果结构分析也不再一样。其中一个重要变化是，无论是亚人格层面解释还是人格层面解释，当知觉经验本身不再被理解为简单的因果链条终端的一个心灵状态，而是一个整体的具身的有意行动时，某些**能动性要素**便能够作为因果要素进入因果分析图景。

亚人格层面的因果结构分析依赖于经验科学研究的实验发现，近年来随着脑神经科学的发展，脑神经科学家通过 fMRI 扫描等技术，对人类知觉、行动过程中的脑神经活动有了更直观而清晰的认识。借助这些新的实验结果，认知科学中也兴起了许多新的解释模型，主张运动神经元活动同样对知觉经验的形成产生影响，例如近年来引起广泛讨论的预测加工模型，笔者在回应因果—幻觉论证时会涉及相应的讨论。

人格层面的因果结构分析则相对更加直观。传统知觉经验概念将知觉经验视为由外部世界刺激引起的心灵状态，就是简单的刺激—反应模型。而当我们将知觉经验理解为一个行动时，则需要以行动的因果结构加以理解。特别地，知觉行动是一个与外部世界中的对象动态交互的过程，是在所谓的知觉—行动循环中认知外部世界，因此知觉和行动互为因果。

笔者将在第三节回应因果—幻觉论证时进一步讨论新知觉经验的因果结构，并尝试利用新增的能动性因素来回应该反驳论证。

第三节 基于行动的新朴素实在论

通过第二节的讨论，笔者详尽地说明了何以知觉本质上应当是一种具身的有意行动。做出这一论断的初衷是为了构建一种基于行动的新朴素实在论以回应相关反驳论证，而这就是本节的内容。

具体而言，笔者将首先论述基于行动的新朴素实在论的核心主张与理论优势，说明相较于传统朴素实在论—析取主义，本书方案在继承传统方案核心主张的同时，又基于新知觉经验概念做出了重要改变，拥有三个理论优势。其次，笔者将尝试运用新朴素实在论回应第二章第三节的四个反驳论证，而且将在回应中特别说明新理论如何在回应知觉错误带来的形而上学挑战的同时，合理地保留“现象感受不可分辨”以及“近端因果匹配”的直觉。

一 核心主张与理论优势

阐述核心主张与理论优势前，有必要在回顾前文讨论的基础上，提示基于行动的新朴素实在论需要达到的理论目标：

（1）对真实知觉的现象特征给出基于具身的有意行动的说明；

（2）以合理的方式阻断幻觉对真实知觉情形的影响，这意味着要在不完全违背“现象特征主观不可分辨”和“近端因果匹配”直觉的同时，说明好情形和坏情形的区别；

（3）对幻觉和错觉给出合理的解释，这意味着不能完全否认坏情形中经验的现象特征。

目标（1）是新朴素实在论的总目标。值得说明的是，真实知觉的认知特征同样应当给出说明，只是放在第四章讨论。目标（2）、目标（3）是在回应四种反驳论证时需要做到的。

（一）核心主张

基于行动的新朴素实在论从两方面继承和发展了传统基本主张：

（1）基于行动的新朴素实在论仍然坚持朴素实在论的基本主张，

即在真实知觉中，知觉经验部分地由对外部世界中对象或属性的有意识的感官觉知构成。不同之处在于，新朴素实在论主张这种构成关系的达成依赖于感知者成功地完成相应的知觉行动。传统朴素实在论运用亲知概念来解释构成，而新朴素实在论则运用行动来勾连感知者与外部世界。相较于亲知，行动不仅解释了构成关系，还解释了构成关系何以达成。

（2）基于行动的新朴素实在论同时仍然坚持析取主义的基本主张，即反对共同类假设，坚持"好坏有别"。不同之处在于，这里好坏区分的标准略有不同。首先，笔者是基于相应的知觉行动是否是有意行动，换言之，即基于相应的环境中感知者是否具有知觉能动性，来区分最基础的"好""坏"。其次，在"好情形"中，即在展现了能动性的知觉情形中，我们当然仍然可能出错，因此依然可能存在出现错觉（包括完全被世界欺骗的幻觉$_{1}$）的可能，但是这只是我们作为生物个体与理性存在者双重有限性的体现。这里的错觉不同于"坏情形"中的幻觉（幻觉$_{2}$）：前者应当被理解为一种失败的知觉行动，错觉与幻觉$_{1}$只有失败程度的差异而无类的差异，但经验本身仍然是感知者的经验；后者则是一种仅发生于感知者之上的事件，尽管基于某种原因感知者仍能拥有相同的现象感受，但由于缺少能动性，我们甚至无法将其称为感知者自身的经验。

综合上述两点，基于行动的朴素实在论可以说（参见下表）：

<table>
<tr><th>知觉类型</th><th colspan="2">能动者</th><th>外部世界</th></tr>
<tr><td>真实知觉</td><td>成功的行动</td><td rowspan="3">有能动性</td><td>完全配合</td></tr>
<tr><td>错觉</td><td rowspan="2">失败的行动</td><td>部分配合</td></tr>
<tr><td>幻觉$_{1}$</td><td>完全不配合</td></tr>
<tr><td>幻觉$_{2}$</td><td>没有行动</td><td>无能动性</td><td>……</td></tr>
</table>

在好情形中（真实知觉），感知者成功地完成了相应的知觉行动，在行动中他成功地与外部世界中的对象实现了交互，获得了真实的现象感受。在坏情形中，要么感知者完全没有做出相应的知觉

行动，只是因为特殊的原因获得了相应的现象感受（幻觉$_2$）；要么感知者做出了相应的知觉行动，但失败了（错觉、幻觉$_1$）。

（二）理论优势

在笔者看来，基于行动的新朴素实在论具有以下三个理论优势：

（1）相较于消极的析取主义策略，上述理论无须否认幻觉具有现象特征，同时相同的现象特征又并不会影响真实知觉与幻觉的区分，从而规避了消极的析取主义所需要应对的问题；

（2）相较于积极的析取主义策略，用行动作为贯通心灵与世界的核心概念，在"求同"和"存异"之间实现了更好的平衡，既不需要预设"显像"这种本体论存疑的存在，也不需要在面对因果—幻觉论证时将能动性因素视为不相干因素，从而规避了积极的析取主义面临的问题；

（3）相较于亲知概念，新朴素实在论的行动概念不仅完美地保留了所有亲知概念的优点，同时打破了传统的内外之分，且强调了知觉经验中积极的主体性因素。

这三个理论优势都源于我们从根本上革新了对知觉经验的理解，因此我们不再需要像传统的朴素实在论—析取主义者那样以一种修补的方式去应对知觉错误的挑战，而是真正地建立自己的正面理论，并在此基础上重新定义我们对于世界的知觉。

二　解释知觉错误

笔者将尝试运用基于行动的新朴素实在论回应第二章第三节的四个反驳论证，其中对因果—幻觉论证和解释冗余论证的回应因问题的连贯性将融合在一起，对错觉论证的回应因为不是重点，只作概念的澄清与说明。

（一）回应现象—幻觉论证

根据上述基于行动的新朴素实在论，笔者采用一种进攻型策略回应现象—幻觉论证，以一种特殊的方式直接否认 P3，从而阻断幻觉对真实知觉的不良影响。

具体而言，基于行动的新朴素实在论强调区分真实知觉与幻觉的核心不仅在于外部世界中的对象是否存在，同时还在于两种经验是否展现了主体维度的知觉能动性。这意味着笔者可以在几乎完全接受现象—幻觉论证核心直觉的同时否认其结论，甚至可以接受真实知觉与幻觉的现象特征是一致的（这和马丁代表的消极析取主义形成鲜明对比，也体现了进攻性），但笔者并不接受因此两者就应当被划归为同一基本类，因为两者的本质属性仍存在不同，即真实知觉体现了知觉能动性，而幻觉没有，朴素实在论—析取主义的“好坏有别”得以保留。

对于笔者给出的上述回应，一个关键的质疑是：用知觉行动中是否展现了能动性来区分真实知觉和幻觉，是否会带来违背“现象感受主观不可分辨”（P2）的后果？幻觉情形中的感知者是否知道自己的知觉经验不是能动性的展现，真实知觉中的感知者又是否清楚自己的知觉经验是能动性的展现？知觉经验展现了能动性，这本身是反思可知的吗？

对于上述问题，马丁给出了一个简单的评判标准，他认为“不可分辨”的一般条件为知觉和幻觉能够或应当共享哪些属性提供了一份指南，具体而言有如下两个条件需要被满足（Martin，2004：65）：

> （1）任意满足下列条件的属性 p 必须被真实知觉和幻觉共享：属性 p 对真实知觉而言是必要的，且如果缺少属性 p，那么感知者仅通过反思即可知道；
>
> （2）任意满足下列条件的属性 q 不能被真实知觉和幻觉共享：属性 q 与真实知觉不相容，且如果拥有属性 q，那么感知者仅通过反思即可知道。

条件（1）是说，如果幻觉中的感知者仅通过反思即知道了自己的经验缺少了属性 p，又根据相关的背景知识知道属性 p 是真实知觉的必要属性，那么他就可以仅通过反思即可知道自己不在幻觉之中，因此如果要满足不可分辨，幻觉就必须拥有属性 p。条件（2）是说，如果幻觉中的感知者仅通过反思即知道自己的经验拥有属性 q，又根据相关的背景知识知道属性 q 是与真实知觉不相容的，那么他就可以仅通过反思即可知道自己不在幻觉之中，因此如果要满足不可分辨，幻觉就不能拥有属性 q。

值得注意的是，马丁的上述两个条件是完全从内在论的角度对不可分辨性做出的规定，无论是“缺少属性 p”还是“拥有属性 q”，都必须是仅反思可知的。马丁在这之前已经否定了利用关系性属性（relational property），或叫作对象依赖的属性（object-dependent property），来分辨真实知觉和幻觉的方案：“这些回应或许可以让析取主义的感官经验概念免于解释冗余，但是这些回应并不能让这里的担忧完全消失。因为这些回应都是通过寻找某些或明或暗的关系性事实来阻断结论，这些关系性事实并不被真实知觉和幻觉共享……至今尚没有理由表明为什么我们对意识结构的构想需要是关系性的，而不能是知觉和幻觉共有的。”（Martin，2004：64）在笔者看来，马丁反对的理由无外乎这是一种外在论的方式，它直接忽视了对真实知觉和幻觉内在层面异同的考察，而这会对朴素实在论的核心直觉造成影响。笔者这里对马丁的这种“偏好”不予置评，而依循他所设定的规则来考察本书的回应方案。①

依照上述标准，我们考察如下属性“知觉经验作为一种知觉行动体现了感知者的知觉能动性”（以下简称“PA 属性”）。依据基于行动的朴素实在论，PA 属性对真实知觉而言是必要的，因而它应当被纳入条件（1）的情形进行讨论。现在的问题是，幻觉中的感知者是否能够仅通过反思知道自己的经验缺少了 PA 属性？现象—幻觉论证的支持者乃至一般的怀疑论者会声称幻觉中的感知者能够做到这一点，但

① 笔者的回应方案当然包含了外在论的因素，且笔者不认为马丁的这种“偏好”是合理的，笔者在第三节构建基于行动的朴素实在论时即表明这是一种打破内外之分的理论。这里依循马丁的规则推进只是为了更加强硬地表明本书方案的可行性。

细想便不难发现这是非常荒谬的。幻觉不具有 PA 属性，即是说幻觉中的感知者不具有能动性，一个缺少能动性的感知者根本就不具有反思的能力，因而也无从通过反思得知自己的经验缺少 PA 属性。

这里现象—幻觉论证的支持者可能存在的问题是未能意识到不可分辨性的非对称性，以及未能厘清能动性与反思可知之间的关系。知觉经验作为一种知觉行动体现了感知者的能动性，这一属性本身是感知者仅通过反思可知的，但这并不意味着这种属性的缺乏同样是仅通过反思可知的。这一属性对反思可知而言是逻辑在先的，是反思活动本身得以可能的前提。

现象—幻觉论证的支持者之所以未能辨明这一点，是因为他们误以为不可分辨意味着真实知觉与幻觉中的感知者在主体性维度没有任何差异，两种情形只有外部世界因素的差异，这本身体现的是一种关于知觉的合取式分析的危害。这让他们无法意识到真实知觉与幻觉情形中的感知者存在明显的主体维度差异（尽管这一差异并不影响两种情形中的现象感受的一致），进而所谓的不可分辨其实也是非对称的。笔者对现象—幻觉论证的回应保留了不可分辨的直觉，这一论断更准确的表述是该回应支持如下论断，即在幻觉中的感知者无法将自己的现象感受与真实知觉区别开来，也无法依据当下的现象感受辨明自己究竟是处于幻觉还是真实知觉。但这并不意味着在真实知觉中的感知者也无法将自己所处的情景与幻觉区别开，当该感知者通过反思知道自己的经验是体现了自身能动性的感知活动后，他就自然地知道了自己当下的知觉经验不是幻觉。[①] 换言之，幻觉中的感知者无法将自己所处情形与真实知觉分辨开，并不意味着真实知觉中的感知者无法将自己所处情形与幻觉分辨开，这里的不

① 这里笔者的表述已然是最弱的表述，事实上真实知觉中的感知者甚至不需要通过反思来获知自己的知觉经验是否体现了知觉能动性，因为作为一种行动的知觉经验其中已然包含一种前反思的内在觉知（或者说感知者自然地拥有一种对属于自身的行动的实践知识），参考本章第二节、第四章第二节相关讨论。

可分辨关系是非对称的。[①]

值得注意的是，笔者并没有否认知觉经验的可错性，因为知道自己当下的知觉经验不是幻觉，并不意味着知道自己当下的知觉经验不会出错。即使在辨明自己的经验是自身能动性体现的经验后，这一经验也仍然存在与外部世界中的事实不相符的可能，甚至这种错误会非常严重。但是，此时我们需要牢记"失败的行动"与"仅发生的失败事件"之间的区别。不具有 PA 属性的幻觉是仅发生的失败事件，是知觉经验的灾难性事件，而具有 PA 属性的错觉或幻觉$_1$（两者只有程度差异而无类别差异）是失败的行动，是人类有限性的体现。

值得特别说明的是，尽管笔者区分真实知觉与幻觉的方式是借助于行动与仅发生的事件的区分，但笔者合理避开了马丁对外在论回应方式的批评。因为笔者这里并不依赖于（尽管也并不排斥）行动的关系性属性或对象依赖的属性来作出区分，"体现了主体的能动性"是彻底的作为一种知觉行动的知觉经验自身的内在本质性属性（intrinsic property）。

综上所述，笔者认为基于行动的朴素实在论很好地回应了现象—幻觉论证。

（二）回应因果—幻觉论证

在面对因果—幻觉论证时，不同于消极析取主义的"未战先降"和积极析取主义的"战力不足"，笔者将引知觉生成主义为援，采用一种"以退为进"的回应策略。

具体而言，首先笔者"退"，即笔者承认亚人格层面神经实现机制的封闭性（体现为不同因果结构中的近端原因对远端原因的屏蔽性）是一个不争的事实。

正如第二章第三节讨论"近端因果匹配"时所揭示的，无论是简

---

① 威廉姆森有类似的看法，尽管其理由与本书并不相同，参考 Williamson（2000：167－168）。

单的因果结构还是更复杂的因果结构，近端原因对远端原因的因果效力的屏蔽都是不可避免的。马尔科夫毯是一个直白的对因果关系的数学刻画，所以在笔者看来这是无法反驳的。在物理学中，超距行动（action in distance）的合法性也几乎一直被否定。至于当下脑神经科学研究的成果是否表明我们的大脑神经运作也是基于马尔科夫毯所提示的因果结构，在笔者看来可能需要更多的经验科学研究的成果。但正如第一章标准四所述，笔者在这些问题上的“退”表明的是对经验科学研究的尊重，哲学建构无疑不应当站在科学的反面。

然而问题在于，这一步“退”是否意味着完全承认因果—幻觉论证带来的所有结论？答案显然是否定的，“退”只是为了更好地“进”。

一方面，在亚人格层面，尽管笔者承认大脑神经实现机制的封闭性，但这并不意味着认知科学中依据这种封闭性构建的理论就是天然正确的，大脑神经实现机制的封闭性并不意味着知觉（乃至认知）本身是封闭的。这一点已经被大量认知科学内部的争论所证明，最典型的例如知觉生成主义对传统的基于表征—计算的标准认知科学所发出的挑战。特别值得注意的是，笔者在第二章第三节讨论因果屏蔽原则时，以霍伊为例说明了预测心智理论如何借由马尔科夫毯来论证关于知觉的 PP 模型本质上是一个封闭的模型，而我们对外部世界的知觉本质上是一种大脑基于贝叶斯定理进行的推理，大脑内部状态本质上是与外部世界状态隔绝的。但事实上，同样支持预测心智理论的克拉克，在承认 PP 模型具有强大解释力的同时，却并不认为这导向了一种心智孤立主义，我们的心智并不是封闭于大脑之中的，而是与外部世界通过具身性行动紧密联系在一起。[①] 这些争论本身或许尚无定论，但是它们的存在本身就说明经验科学研究成果是一回事，对经验科学研究成果的阐释是另一回事。

---

① 两者的争论可分别参考 Hohwy（2007，2013，2016，2017）；Clark（2016，2017）。讨论知觉生成主义与行动概念相关联的文献，可参考陈仕伟（2020b）。

另一方面，笔者坚持亚人格层面解释与人格层面解释的区分是必要的。否认 C3 中隐藏的预设，即否认人格层面的现象特征依随于亚人格层面的神经实现机制，这意味着人格层面的因果解释与神经实现机制的封闭性关联不大。更进一步，基于行动的新朴素实在论将在此时入场：当我们将知觉视为一个具身的有意行动时，其人格层面的因果结构发生了重大变化，对外部世界的直接感官觉知将被作为因果要素纳入整个知觉经验的解释图景之中。

这一重大变化更清晰地体现为传统朴素实在论在新知觉经验概念中得到新的阐发。传统知觉经验对知觉的理解是被动的，知觉只是对外部世界刺激的接受和信息处理，知觉活动中只有一个被动的接收者（passive receiver），而没有一个真正的能动者（agent）。这种能动者缺失的知觉经验是一个相当贫瘠的概念，它很容易被视为一系列因果链条终端的一个结果，从而自然地导向了因果—幻觉论证想要的结论。新知觉经验概念中知觉不再是无主体的被动接受，而是能动者对外部世界的主动探索。

传统朴素实在论主张“知觉经验必然地由对独立于心灵的物体和属性有意识的感官觉知构成”（以下称为“NR 属性”），而在基于行动的新朴素实在论中，该属性应当表述为“知觉经验必然地由与独立于心灵的物体和属性的有意识的交互构成”（以下称为“新 NR 属性”）。不难看出，新朴素实在论强调了知觉经验中感知者的能动性，用“有意识的交互”替代了原先的“有意识的感官觉知”，使我们获得一种更为积极的新 NR 属性。传统的朴素实在论将 NR 属性解释为构成性关系属性，我们对于外部世界中的对象和属性的直接感官觉知构成了我们知觉经验的一部分。但是，受限于被动模型下的知觉概念，这种直接感官觉知仅被作为来自外部世界的某种给予（the given）①，而无法进一步被作为知

① 这里并不一定要是所予神话意义上的所予（the Given），笔者只是强调直接感官觉知在传统理解中是一种被动的对外部世界的接受，不涉及这种感官觉知是否概念化的讨论。

觉活动的能动性因素因果地参与到知觉经验的建构当中。而在新朴素实在论的图景中，知觉是一个与外部世界对象交互的过程，感知者的行动本身就是一个原因，所以新 NR 属性不仅是构成性的，同时也是因果性的。

基于上述讨论，我们先接着进入解释冗余论证，最后统一收尾。

（三）回应解释冗余论证

在第二章第三节的诊断中，在笔者看来，传统朴素实在论者并未意识到存在第三条道路的可能，即一方面修正经验的自然主义，扩大具有因果效力的要素的范畴；另一方面采用某种方式将朴素实在论主张的本质属性合理地纳入因果性要素的范畴，从而直接回应两种论证的诘难。

具体而言在于针对性地做到以下几点（以下三点对应第二章第三节的三点诊断）：

（1）承认解释依赖于因果，亦即承认具有解释力的要素同时应当具有因果效力。

（2）合理地修正经验的自然主义，将人格层面的要素纳入因果解释的框架内。

（3）基于知觉本质上是一种具身的有意行动，在新朴素实在论方案中，真实知觉的特有属性既是知觉经验的构成性关系属性，同时又是因果性属性，因此它具有因果效力。

（1）避免了朴素实在论的解释陷入一种无根据的神秘状态，同时也回避了一种主张朴素实在论与经验科学研究不相容的指责。① （2）扩大了选取因果要素的范畴，这相较于扩大对解释的理解更易于接受。值得注意的是这种修正并不违背原先的经验的自然主义主张，即亚人格层面要素的因果效力被予以保留，它只要求我们在考虑具有因果效力的要素时将视角扩展到人格层面，这符合我们对知

① 这种指责普遍地针对朴素实在论及其蕴含的各种析取主义立场，可以参考伯吉（Burge，2005）从这一角度出发对析取主义和朴素实在论的批评。

觉经验的一般理解。[①]（1）和（2）共同达到的效果是：一方面承认我们需要在因果解释的框架内解决问题；另一方面拓宽了我们对因果解释的理解，这为朴素实在论回应两个论证的诘难提供了空间。

在此基础上，朴素实在论者需要做的工作就是以一种合理的方式将朴素实在论主张的本质属性纳入因果解释的框架内，即需要说明它不再仅是知觉经验的构成性关系属性，同时也是其因果性关系属性，在达成真实知觉的过程中具有因果效力［上述（3）］。

这种合理的方式在笔者看来即基于行动的新朴素实在论方案。在构建了全新的 NR 属性之后，基于行动的新朴素实在论方案可以直接反对因果—幻觉论证中的 C2 和解释冗余论证中的 E1、E3。

因果幻觉论证的 C2 主张相同的原因有相同的结果，进而需要给出相同的解释。问题在于新朴素实在论方案告诉我们真实知觉和幻觉并非完全的因果匹配，或许两者可以在亚人格层面因果匹配，但是在人格层面两者是不匹配的，真实知觉拥有新 NR 属性作为其特有的人格层面的因果要素。而笔者已经主张我们应当合理地修正经验的自然主义，将人格层面的因果要素纳入对知觉经验的因果解释的框架中，因此，C2 不成立。

解释冗余论证的 E1 是传统朴素实在论者对因果幻觉论证的回应，主动放弃了 NR 属性的因果解释力，而新朴素实在论的回应显然不同。新 NR 属性不再是作为非因果要素被引入对知觉经验的解释中，而是作为具有因果效力的要素被引入，因此 E1 不成立。解释冗余论证的 E3 认为当幻觉同样拥有的亚人格层面的因果属性能够解释所有的现象特征时，真实知觉特有的 NR 属性所具有的解释力就会被屏蔽。但在新朴素实在论的框架中，对一个真实知觉的因果解释，不仅要考虑亚人格层面的神经实现机制等要素，还要考虑人格

① 这里可能存在的一个质疑是亚人格层面的因果要素（相对纯粹的科学语境下的因素）与人格层面的因果要素（可能包括相对不那么纯粹的民俗心理学的因素）是否存在解释效力上的冲突。这是一个很大的问题，笔者在这里无法展开论述，但基本观点是只要不是极端的物理主义立场，两个层面的因果要素就不存在解释上的冲突。

层面的要素，这两者是有机地统合在一起的，亚人格层面的因果要素并不能够屏蔽人格层面的因果要素的解释力，因此 E3 不成立。值得注意的是，新朴素实在论方案因为保留了亚人格层面的因果要素，也为给幻觉提供积极的解释留出了足够的空间。

综上，基于新知觉经验概念和新 NR 属性，新朴素实在论可以很好地回应两种反驳论证。

（四）回应错觉论证

笔者在第二章重构错觉论证时便主张错觉论证的反驳效力远不如幻觉论证，面对生活中的错觉现象，我们也更多的是倾向于寻求科学解释而非怀疑自己的正常知觉。在第二章第三节笔者探讨了当下哲学定义中的错觉与幻觉的差异，在笔者看来，现行哲学定义中错觉更接近于幻觉而非真实知觉。但在本章第二节的讨论中，笔者给出了基于行动—知觉类比的关于幻觉的新解释，相应的错觉概念也有了新的含义。在新的理解中，错觉是失败的知觉行动的结果，但它至少仍然是体现了感知者能动性的行动，而不是毫无能动性体现的仅发生的与事实不符的事件，因此它更接近于真实知觉，而不是新定义下的幻觉。

这一变化不能说直接帮助我们回应错觉论证，却再次印证加强了笔者在重构错觉论证时做出的判断，即对于这种作为失败的行动的错觉，它的存在是人类作为生物个体与理性存在者双重有限性的体现。因此，我们除了放下不必要的哲学焦虑之外，更多地应当是去寻求对相关现象做出科学的解释与说明，而在哲学上并无更多的工作要做。

第四节　知觉能动性

综观本章第一节至第三节的讨论，从给当下朴素实在论—析取主义的回应策略做出诊断，到援引具身的有意行动概念重解知觉，再到给出基于行动的新朴素实在论并回应第二章第三节的相关反驳论证，一个贯穿始终的主题在于不断强调对知觉能动性的重新发现。笔者希望通过本章的讨论阐明如下观点：知觉本质上是人的理性行动，而不是人对外部世界中的事实的被动接受，丢失了知觉能动性的图景将无法真正理解知觉的本质。

然而存在一个问题是：设若知觉能动性果真如此重要，那么我们究竟是如何丢掉它的呢？换言之，它本质上是一个合法的概念吗？

对相当一部分人而言，知觉能动性本身可能是一个令人困惑的概念。因在某种意义上，日常经验带来的感受是，我们似乎在看到什么或听到什么时并没有特别地“做”任何事情。清晨醒来，眼睛一睁开我们就开始知觉到这个世界，眼睛在看，耳朵在听，鼻子在闻……作为感知者，我们如此自然地（甚至于无意识地）经验着这一切，绝少会认为自己正在“做”某事，更遑论“有意做”某事。基于上述体验，或许在不少人看来本章的诸多论述都夸大了知觉经验中能动性的重要性，或许知觉经验中的感知者至多只是如德雷福斯所言，是在应对（coping with）世界中经验的流变，我们不过是浮于经验之海上的一叶扁舟。既如此，我们究竟在什么意义上拥有知觉能动性呢？

这是一个好问题，对于这一问题的部分回答笔者放在第五章的“反驳与回应”，在那里笔者将讨论关于能动性的本体论地位问题。这里笔者尝试作一些更一般意义上的概念说明。

首先，在笔者看来，能动性是一个基础性概念，其自身无法再被解析为其他概念的组合。当然这并不意味着我们不能够通过其他概念对比来增进对能动性的理解，例如“主动—被动”就是一组在笔者看来适合理解能动性的概念对比。值得注意的是，这并不是说所有被动的情形中都没有能动性的体现，因为主动—被动的划分本身并不是绝对的，正如有意行动与仅发生的事件的划分也并非穷尽了所有的可能。安斯康姆讨论了一类自愿的（voluntary）却非有意的行动（Anscombe，2000； §§.17，25，49），这是一类介于有意行动与仅发生的事件之间的事件。对于这类事件，“为什么做 X”的问题是有意义的，但对该问题的回答却常是否定的，行动者可能会回答“我不知道为什么做X”或者给出一个纯粹的因果解释（该解释不构成行动的理由）。行动者可能并未有意地考量自身当下的行动，但是当你询问时，他却可以重新审视自己的行动。现在的问题是，这类中间情形中有能动性的展现吗？我想我们并不能完全否认其中某些情形部分展现了主体的能动性，需要具体问题具体分析。更重要的是，这类情形的存在表明，尽管某些时候我们可能没有“正在做什么”的主观感觉，但这并不意味着我们的行动没有展现我们作为自由个体的能动性。

其次，知觉能动性并非一种特殊的能动性，它与一般意义上行动哲学中讨论的能动性别无二致。能动性归根结底是人对自身行动的控制，它可能存在程度上的区分，这部分解释了为何人们会觉得某些典型行动中的能动性，比知觉经验中的能动性体现得更为明显，但在此并没有类别上的差异。笔者将知觉行动中展现出来的能动性称之为知觉能动性只是一种语词上的便利，却并不意味着它是一种特殊的能动性。

最后，能动性本质上是针对知觉经验中能动者的规定性，而非针对某个具体的行动或经验。知觉本质上应当是一种具身的有意行动，应当体现了感知者的知觉能动性。这种规范性并不是说在每一个知觉经验中都应当有一个刻意的独立可识别的“做”，而是说每一个知觉经验都是这种“做”的能力的具体展现。换言之，这种规范性要求每一个知觉经验都是活生生的（lived）能动者的知觉经验。

值得注意的是，对知觉能动性的强调并不是对人类的主体性的无限扩张，并不是要创造一个全知全能的感知者与行动者（我们仍需时时警惕唯我论与观念论的风险）。恰恰相反，它是要提示我们更加清醒地意识到自身作为生物个体与理性存在者的双重有限性，并力图从主体维度补全有别于客体维度的规范性。这一点在下一章第四节讨论认知能动性时体现得更加明显。

本章小结

本章主要致力于构建基于行动的新朴素实在论，并用它来回应第二章第三节的四个反驳论证，贯穿本章的核心想法是知觉本质上是一种具身的有意行动。

首先，笔者对当前两种不同的朴素实在论—析取主义方案进行了考察，说明了无论是消极析取主义还是积极析取主义，都未能意识到真实知觉与幻觉在主体维度的知觉能动性差异。造成这一现象的根本原因在于长久以来人们都倾向于将知觉经验理解为一种经外部世界刺激引起的被动的心理状态，而忽略了感知者作为能动者在整个知觉活动中的作用。

接着，便进入本章乃至本书的核心——知觉与行动的关系讨论。笔者先是借用安斯康姆和麦克道尔等人的资源，梳理出一个具身的有意行动概念，并将其核心概括为彰显于行动之中的能动性。然后笔者讨论了两种不同形式的行动—知觉类比，通过两种类比方式的比较，指出存在两种理解幻觉的方式，并且主张以幻觉$_2$作为幻觉的正确理解方式。进一步，笔者讨论了三种常见的将知觉与行动区隔开的理由，并一一做出反驳，最后正式基于具身的有意行动概念重构了新的知觉经验概念。

基于这种新知觉经验概念，笔者构建了基于行动的新朴素实在论，它继承和发展了传统朴素实在论的优点；同时，因为本理论凸显了感知者的能动性因素，使得它有更多的资源回应相应的四个反驳论证。最后，全章收束于对知觉能动性的讨论，通过做出一些必要的说明，廓清了对该概念的常见困惑。

本章从形而上学角度说明了笔者对知觉经验的理解，发展和捍卫了一种基于行动的朴素实在论。下一章将转入对知觉经验的知识论讨论。

第四章

知识与行动：基于行动的新知识论析取主义

笔者在第三章通过构建基于行动的新朴素实在论回应了形而上学难题，本章将转向对知识论难题的考察。正如笔者在第二章的问题梳理中所强调的，对于知觉经验的形而上学考察必然与知识论层面对知觉知识的考察紧密联系，也特别说明了彻底怀疑论论证与幻觉论证的关系。化用康德的一句套话："不能产出知觉知识的知觉经验是空的，不能引导知觉经验的知觉知识是盲的。"鉴于这种紧密的联系，本章在第三章的成果之上，进一步提出基于行动的知识论析取主义来尝试回应知识论难题。

具体而言，笔者将首先考察当下两种版本的知识论析取主义对彻底怀疑论的回应。本书将指出知识论析取主义作为一种对彻底怀疑论的"诊断"是成功的，但是在尝试做出积极回应时却面临困难，问题的根源在于两种版本都未能彻底解决事实性辩护的合法性问题。随后，笔者将转入对知识与行动的关系考察，主张应当重拾"作为行动的知识"的洞见。通过"关于行动的实践知识"与"关于知觉的思辨知识"的对比研究，笔者将尝试给出自己对于知觉知识的新理解，同时尝试解决事实性辩护的合法性问题。基于行动与知识的紧密联系，同时也基于行动与知觉的紧密联系，笔者将在第三节尝试提出一种基于行动的知识论析取主义，有别于现有两个版本之处在于它更好地解决了事实性辩护的合法性问题，从而为回应彻底怀疑论提供了一个坚实的基础。最后，笔者将对本章的讨论作一个总结，说明基于行动的知识论析取主义能够带给我们两个有益的启示：一是对认知能动性的重新发现，强调知识是通过行动达成的成就，而非被动获得的印象，理性能动者在知识的达成中起到重要作用；二是对认知规范性的双维度思考，基于行动的重构拓展了我们对规范性来源的思考，真理并非唯一的规范性来源，我们还应当考虑主体维度的规范性。

第一节　知识论析取主义的回应及缺陷

在第二章第四节，笔者梳理了两种不同的关于我们是否能够获得关于外部世界的知觉知识的彻底怀疑论论证。而近年来知识论析取主义作为一种回应彻底怀疑论的方案得到极大的讨论和关注，其背后依托的即一种朴素实在论框架下的关于知觉经验的析取式构想，因而其成功与否也是评判整个朴素实在论方案是否成功的重要指标。①

本节将对知识论析取主义的反怀疑论功效做出评析，它作为一种反怀疑论策略，可以有两种解读。一种是作为消极回应策略，其核心是反对最大共同因素原则，即反对感知者在好情形中获得的认知支持至多只能与其在坏情形中获得的认知支持一样多。另一种则是作为积极回应策略，其核心是主张好情形中感知者的知觉经验可以为其相应的知觉信念提供事实性辩护（factive justification）②，而坏情形中没

① 严格来说，析取主义与朴素实在论是两种不同的理论，认为两者深度结合是本书的判定，在第二章讨论朴素实在论如何借由析取主义获得复兴时，笔者对两者关系有更细致的说明。

② 这里做一个术语的说明，麦克道尔和普里查德都不太使用“辩护”（justification）一词，麦克道尔用过 ground for knowledge（1982），epistemic significance（2008），warrant（2011），普里查德主要使用 epistemic reason，factive reason。笔者选用辩护一词，是因为“事实性辩护”一词能够更清晰地展现这个概念的内涵张力。

有。值得说明的是，反对最大共同因素原则，或者说反对理由的偏狭性论题（参考第二章第四节），并不必然要求好情形中就一定要有事实性辩护，而只需要说明好情形中获得的认知支持优于坏情形即可，这表明两种解读可以相互独立。（Pritchard，2016：136）

本节中笔者选取麦克道尔与普里查德作为知识论析取主义的代表，两人的理论既有一致又有不同。在作为一种消极回应策略讨论时两人差别不大，因此笔者将以麦克道尔为主进行讨论；而在作为积极回应策略讨论时两人差异较大，因此笔者将两人分开讨论，特别是笔者将对普里查德的枢纽知识论做出不一样的解读。最后，笔者将指出两者都未能很好地解决事实性辩护的合法性问题。

一　消极回应：对彻底怀疑论的一种“诊断”

作为知识论析取主义的首倡者，麦克道尔其实关注更多的是康德式怀疑论，对笛卡尔式怀疑论（本节中的彻底怀疑论）一直不甚措意。他对后者的处理散见于论述知识论析取主义的文献中（McDowell，1982，1986，1995，1996，2011），而真正集中的处理则是为了回应莱特（Crispin Wright，2002，2008）的攻讦。

莱特曾对摩尔论证回应彻底怀疑论的效力作出评析，认为它不可避免地陷入一种 I-II-III 型论证所揭示的担保传递失败（transmission failure of *warrant*）。[①] 有趣的是，在同一文章中，莱特也对麦克道尔的知识论析取主义提出了批评，认为它作为一种更精致版本的摩尔论证，“没有比摩尔论证做的更好”（Wright，2002：346）。莱特的质疑在于，尽管麦克道尔主张用析取式经验替换最大共同因素式经验（这是莱特所理解的麦克道尔之于摩尔的不同），但析取式经验仍然既有好的析取支情形，也有坏的析取支情形，那么我们究竟

---

① 参考 Wright（2002：330 – 348）。莱特的主要策略在于利用 I-II-III 型论证来说明摩尔论证存在循环，该论证的基本结构是前提 I 的有效性是基于结论 III 的，因而对于前提 I 的担保无法传递给结论 III，是一种典型的循环论证结构，笔者这里不进一步展开讨论。关于摩尔论证，参考 Moore（1959：127 – 150）。

依据何种理由来认定感知者当下正处在好的析取支情形而非坏的析取支情形？在莱特看来，对这个问题的回答会使得知识论析取主义者同样陷入担保传递失败的困境。因为唯一合理的答案似乎只能是我们需要承认，在我们生活的世界中好的析取支情形更常见，即我们通常情况下都确实依靠知觉获得了关于外部世界的知识。只是这样的回答已然是以对我们所处的世界做出某种规定为前提，而这会使得知识论析取主义论证的前提之有效性依赖于它想要论证的结论，从而再次陷入 I-II-III 型论证所揭示的担保传递失败。①

面对莱特的攻讦，麦克道尔在《析取式经验观作为一种先验论证的材料》（McDowell，2008）一文中给予了系统回应。首先，他强调自己给出的是关于怀疑论的“诊断”（diagnosis）而非摩尔式“回应”，指出莱特曲解了自己的论证目的。其次，他给出一种独特的先验论证，试图说明至少在好情形中感知者能够直接知觉到外部世界中的对象是必要的，从而某种意义上为作为一种积极回应策略的知识论析取主义背书。笔者将在下文具体分析这一先验论证，这里主要关注麦克道尔的“诊断”。

在该文中，麦克道尔反复强调自己反对最大共同因素原则的做法并不是直接反驳彻底怀疑论，而只是给出一种诊断。这种诊断消解了彻底怀疑论提出的基础，揭示出彻底怀疑论的根源在于对感知者自身认知能力的不自信：因为我们在坏情形中的信念无法获得事实性辩护，所以我们在好情形中也至多只能获得相同的不确定的认知支持。（McDowell，2008：378）而在麦克道尔看来，这显然是荒谬的：我们不能因为坏情形中无法获得事实性辩护，就得出我们在好情形中同样无法获得事实性辩护。

在笔者看来，这表明麦克道尔的知识论析取主义在回应彻底怀疑论时其总体策略是消极的。需要注意的是，这里的“消极”（negative）并非一种负面评价，而是指这种回应策略接近于维特根斯坦

① 对莱特的攻讦的详细讨论，可参考陈仕伟（2019：3－8）。

静默主义（quietism）的主张。它本身不寻求对怀疑论提出建构性的反驳，而是通过诊断消解掉问题。其优点是自身的理论负担最小，因为我们并不需要提出完备而复杂的知识定义，诸如在传统知识定义（得到辩护的真信念）之上去增加敏感性条件、安全性条件等，而只需要诊断出彻底怀疑论论证中的一个错误前提。其缺点则是说得太少，例如普里查德就质疑麦克道尔的回应中静默主义“入场太早”①，尽管这可以避免做出摩尔式断言，但在回应彻底怀疑论时未免让人觉得意犹未尽。

总体而言，笔者对这种消极回应策略持一种审慎的支持态度。一方面，它作为阻断彻底怀疑论的策略是成功的，点出了怀疑论论证中的关键问题，即从坏情形中事实性辩护的缺失并不能够推出好情形中事实性辩护同样缺失，这正对应了析取主义的精髓“好坏有别，对错有分”。但另一方面，它对于我们如何能够在好情形中获得事实性辩护表述不清，这让人觉得总归差了一口气。好在麦克道尔意识到了这个问题，并尝试补齐这一短板，从而有了知识论析取主义作为积极回应的尝试。

二　积极回应：先验论证与枢纽知识论

本小节考察知识论析取主义作为一种积极回应策略的效力，主要关注两个问题：（1）麦克道尔的先验论证与知识论析取主义的真实关系是怎样的？（2）普里查德的枢纽知识论只能回应基于闭合原则的彻底怀疑论论证吗？

（一）先验论证

麦克道尔（McDowell，2008）提出了所谓的“第三种”先验论证，以回应莱特的攻击。笔者曾对该论证进行了重构和分析，主张麦克道尔通过一种先验论证为他的知识论析取主义提供了特殊的理

---

① 这一判断来自与普里查德的私人交流，他对于自己的知识论析取主义主张与麦克道尔版本之异同的陈述可参考 Pritchard（2012：136－140）。

论支撑。（参考陈仕伟，2019）

本书基本保留以上观点，但在两个问题上要做出进一步的澄清：

（1）麦克道尔的“第三种”先验论证究竟在何种意义上区别于斯特劳森（P. F. Strawson）的强先验论证和斯特劳德（Barry Stroud）的弱先验论证？① 笔者的重构偏向于强先验论证，而王聚则认为麦克道尔的论证本质上是一种弱先验论证。②

（2）先验论证与知识论析取主义究竟是何关系？这里似乎存在一个二难选择：如果先验论证对彻底怀疑论的回应是无效的，那么前者似乎也无法支持知识论析取主义；如果先验论证对彻底怀疑论的回应是有效的，那么我们为什么还需要知识论析取主义。

弄清上述问题有助于我们更清楚地理解麦克道尔的知识论析取主义的洞见及其局限。

先考虑第一个问题。在此给出笔者对麦克道尔的先验论证的重构：

麦克道尔的先验论证（McDowellian Transcendental Argument）

T1. 经验具有一个必要的属性，即它是与客观实在相关的；

T2. 经验要与客观实在相关，仅当环境中的客观实在能够通过知觉直接呈现给我们；

T3. 因此，我们对环境中的客观实在能够有直接的知觉感知。

这个论证是笔者自己的重构，与麦克道尔本人展现的先验论证有一些重要的差异，麦克道尔的原文如下：

---

① 斯特劳森的强先验论证，参考 P. F. Strawson（1959，1966）。斯特劳德对斯特劳森的强先验论证提出质疑，并且给出了自己弱版本的先验论证，参考 Stroud（1968/2000）。

② 王聚在与笔者的讨论中指出麦克道尔的先验前提是一种心理描述而非事实描述，这让他倾向于将其重构为一种弱先验论证，并在弱先验论证的意义上起着反怀疑论功效。

> 该论证试图确立如下观点，环境中的事实在知觉中将其自身呈现给我们必须是可理解的（must be intelligible），因为这是经验具有如下特征是可理解的必要条件，该特征即是经验要与客观实在相关（purports to be of objective reality），这一特征对本论证的目的而言是不可怀疑的……为了使“经验具有客观含义”（objective purport）是可理解的，我们必须使一类认知上杰出（epistemically distinguished）的经验是有意义的，在这类经验中（以视觉为例），事物的样貌直接呈现给我们。（McDowell，2008：380）

原文中麦克道尔强调了经验具有这个必要的属性“是可理解的”，这似乎是一种对心理事实的描述，王聚据此认为麦克道尔的先验论证应该被重构为一种弱先验论证。而笔者的重构中去掉了相应的“是可理解的”，变成了对经验必要属性的客观事实描述，这种重构就更接近于强先验论证。

在笔者看来，这样的表述更符合麦克道尔的原意，也可以更好地展现麦克道尔的论证与斯特劳森的强版本以及斯特劳德的弱版本先验论证有何不同。麦克道尔自己有如下表述：

> 我所考虑的论证不属于其中任何一种。它并不谋求建立任何关于“（除我们自身之外）世界中的事物是怎样的（更遑论必须是）”的结论，因此它不会受制于斯特劳德对富有野心的论证版本的质疑。但是它却不是通过弱化自己的结论使自己免遭这些质疑，其结论不是弱化为“我们必须设想世界应当具有哪些结构特征”，而是关于“如果我们的经验如其所是地具有客观含义（objective purport）是可能的，那么我们必须如何设想我们能够拥有的认知处境（epistemic positions）”。（McDowell，2008：387）

上述引文清楚地表明：麦克道尔的先验论证与强版本先验论证不同，是因为它不谋求对世界中的事实做出规范性陈述；其与弱版本先验论证不同，是因为它没有将自己的结论弱化为一个关于心理事实的规范性陈述。其高明之处正在于此，麦克道尔得到的结论介于两者之间，是一个针对我们的认知环境的规范性陈述，而这又得自经验的必要属性：经验是要与客观实在相关的。

弄清楚先验论证的本质，我们就可以考虑第二个问题：

先验前提中知觉经验的必要属性其实就是其意向性特征。麦克道尔的先验论证相当于说因为知觉经验具有意向性，所以在好情形中我们能够获得关于外部世界知识的事实性辩护至少应当是可能的。这某种意义上是用先验论证为其知识论析取主义作理论支撑，而最终起到反怀疑论作用的还是知识论析取主义自身。

具体而言，笛卡尔式怀疑论者不会否认知觉经验的意向性特征，这是麦克道尔的先验论证得以进行的前提。但他们可以在承认知觉经验具有意向性特征的同时否认我们的知觉经验能够突破界面，直达外部世界的对象。这让麦克道尔的先验论证究竟能够提供多大的理论支撑成为问题。至少对麦克道尔而言，他想传达的信念是，笛卡尔式怀疑论者的定位是不自洽的。如果我们即使在好情形中也无法突破界面，那么知觉经验的意向性也无法得到建立。反之，如果知觉经验的意向性是无可置疑的，那么我们在好情形中就至少应当有突破界面的可能。

然而问题是：界面的打破之可能性是否真的是知觉经验具有意向性的必要条件。① 这是笛卡尔式怀疑论者与麦克道尔真正的分歧所在：怀疑论者可以接受我们的知觉经验关涉世界，却永远无法直接通达世界的图景；而麦克道尔不接受这样的图景，因为在这样的图

① 一个有趣的现象是，麦克道尔在与普特南的争论中强调康德式怀疑论是一个更基本的问题（参考第二章第四节），其解决能够为笛卡尔式怀疑论提供解决的方案。但在这个先验论证中，却是笛卡尔式怀疑论之可能被解决（界面被突破）成为康德式怀疑论得以解决（知觉经验具有意向性）的必要条件。这似乎与麦克道尔自己与普特南的争论中所展现出来的观点并不一致。在这个论证中，笛卡尔式怀疑论似乎成为了更关键的那个问题。

景中意向性本身毫无意义。

综合而言，在笔者看来，这一先验论证体现了整个知识论析取主义策略的精髓，即不管怎样构造怀疑论情形，我们都至少应当保留获得知识的可能性。怀疑论情形可以千奇百怪，感知者可以因为各种各样的原因被捉弄，从而无法感知到世界的真实情形，进而无法获得关于世界的知识。但是，这并不意味着在好情形中，在所有条件一切正常的情况下，我们仍然不能获得关于外部世界的知识。我们不可能将感知者和世界完全地隔离开来，除非我们宣称我们的经验并不关涉世界中的客观实在，并不给我们提供"世界是如此这般"的经验表象。只要我们的知觉经验是与客观实在相关的，它就至少应当有为真的可能性，而要保留这种为真的可能性，我们就必须承认在好的认知情形下能够获得对于世界的直接感知，从而能够获得知识。

回到莱特的反驳，知识论析取主义者可以说，问题的关键不在于判定某个特定的情形是好的析取支情形还是坏的析取支情形，而是在于做出好情形和坏情形的区分，这个区分本身保留了我们获得关于外部世界的知识的可能性，这也是整个知识论析取主义回应策略的精义所在。

笔者完全接受麦克道尔先验论证背后的核心想法，"好坏有别，对错有分"的确立本身就是析取主义的核心价值所在。然而遗憾的是，上述论证至多说明了在好情形中获得事实性辩护的可能性，却没有说明如何真正获得事实性辩护，因此其在某种意义上只是绕开而非直接回应了莱特的问题。公允地说，麦克道尔的先验论证更多的是给出了一个与怀疑论者不同的图景，却很难说完全驳倒了怀疑论者。在笔者看来，知识论析取主义在好情形中感知者何以能够获得事实性辩护这一问题上可以说得更多。

（二）枢纽知识论

普里查德并未采用麦克道尔的先验策略，他自己的知识论析取主义更集中于经验层面的讨论。但与麦克道尔的主张一样，尽管作为消极回应都一针见血地点出了怀疑论的弊端，作为积极回应却未能说明事实性辩护的合法性问题。[①]

暂时撇开知识论析取主义，笔者希望对普里查德在《认知焦虑》一书中发展的另一方案做简要讨论。他借用维特根斯坦的“枢纽承诺”（hinge commitment）发展了枢纽知识论（Hinge Epistemology），用以回应基于闭合原则的彻底怀疑论论证。基本思路如下（Pritchard，2016：90－102）：

（1）首先，对枢纽承诺给出所谓的非信念解读（non-belief reading），它是指某些特定命题作为我们的枢纽承诺，是我们进行一切理性评价活动的基础，其自身不是知识适切的信念（knowledge-apt belief），因此不在理性评价的范围之内；

（2）其次，将某些反怀疑论命题纳入枢纽承诺的范畴，然后根据上述解读，它们是处于理性评价范围之外的；

（3）最后，基于闭合原则的彻底怀疑论论证隐含地预设了理性评价的普遍性论题，而这里枢纽承诺的存在反对这种普遍性论题，且将反怀疑论命题视为所有理性评价活动的基础；

（4）因此，基于闭合原则的彻底怀疑论论证不成立。

值得注意的是，普里查德认为枢纽知识论只能回应基于闭合原则的彻底怀疑论论证，却无法回应基于非充分决定原则的彻底怀疑论论证，因为枢纽承诺只是对我们的理性评价的结构做出限制，并不涉及理由支持的强度问题。因此枢纽知识论对理由的偏狭性论题没有作用，进而无法回应基于非充分决定原则的彻底怀疑论论证。后者需要借助知识论析取主义来加以回应，而两种回应策略整体性

---

① 普里查德曾区分“支持性认知支持”（favoring epistemic support）与“区分性认知支持”（discriminative epistemic support），并借此区分强调感知者在好情形中拥有的事实性支持只能是支持性认知支持，似乎在他看来这可以减轻“事实性辩护”概念的不适感。（Pritchard，2016：136－142）笔者这里对此不再做详细的论述，而接下来对他的枢纽知识论的讨论也主要是借机阐发本人所理解的维特根斯坦式枢纽承诺所具有的反怀疑论功效。

地构成了他的双视策略。[①]

笔者对此有不同的看法。笔者并不支持普里查德对枢纽知识论的非信念解读，而倾向于支持斯特劳森给出的非命题解读（non-propositional reading）[②]。在斯特劳森看来，枢纽承诺之所以不在理性评价的范畴之中，是因为它本质上不是一种信念或信念态度，而是我们的活动形式（ways of acting）。我们之所以对外部世界的存在无可置疑，是因为这就是我们的生活形式（forms of life）。基于这种理解，枢纽知识论的反怀疑论功效不仅仅来源于给我们的理性评价划定适切的范围（反对理性评价的普遍性论题），同时还在于它对我们整体性的理性活动的基础做出了正面的说明。某些"信念"无法被质疑，是因为它们本质上不是信念，而是我们"思想的脚手架（the *scaffolding* of our thoughts）"（Wittgenstein，1969；section 211）。普里查德只看到了枢纽知识论的消极功效，对它的正面作用却选择性地忽略了。[③]

因此，在笔者看来，枢纽知识论可以有更强的反怀疑论功效，特别是枢纽知识论可以为知识论析取主义提供某种类似于麦克道尔的先验论证所提供的理论支持。与先验论证类似，枢纽知识论也可以为我们在好情形中拥有事实性辩护提供某种背景性支持。我们的知识之所以拥有事实性辩护，是因为我们的生活形式就是如此，因而免除了相当程度的怀疑论威胁。

然而，这种策略的不足同样与先验论证一致，即欠缺对事实性

---

① 笔者在第二章介绍两种怀疑论论证时提到过普里查德的双视策略，一个最大的批评在于他并没有很好地整合知识论析取主义与枢纽知识论的理论资源，只是简单地拼接在一起而缺乏对两者内在关系的探索。

② 参考 Strawson（1985a：1－25）。非命题式解读的其他支持者还有 Moyal-Sharrock（2004）。

③ 普里查德有对非命题式解读做出评析，一方面，他承认非命题式解读更贴合维特根斯坦的文本；另一方面，他认为非命题式解读完全否认了我们对枢纽命题可以持有某种命题态度，过犹不及。（Pritchard，2016：84－87）笔者认为普里查德的批评有失公允，非命题式解读的核心观点是强调生活形式在我们的认知活动中的重要作用，普里查德完全忽略了这一点。

辩护何以可能的正面说明。两种策略相当于都只是旁敲侧击地告诉我们事实性辩护是可能的，却没有更进一步地说明何以可能，更遑论给出具体的解决方案。

三 缺陷：没有彻底解决事实性辩护的合法性问题

综合上述对当下知识论析取主义的反怀疑论功效的评析，笔者的基本看法是知识论析取主义作为消极回应策略是成功的。它点出了笛卡尔式怀疑论论证中对感知者自身认知能力的不自信是没有理由的，坏情形中没有相应的事实性辩护不应当影响好情形中的感知者享有相应的事实性辩护。

然而作为一种积极回应策略它是不成功的。知识论析取主义某种意义上希望融合知识辩护的内在论、外在论的双重优点，主张好情形中感知者可以拥有事实性辩护。一方面这种辩护是反思可通达的（内在论诉求），另一方面这种辩护又是事实性的（外在论诉求）。这无疑是一种诱人的理论目标，但是其合理实现却远比想象中要难（具体将在本章第二节予以展开）。在笔者看来，无论是麦克道尔的先验论证，还是斯特劳森版本的枢纽知识论，都未能彻底解决事实性辩护的合法性问题。

笔者认为，只有从行动角度重新诠释知觉知识，才能真正解决事实性辩护的合法性问题。笔者将在下文尝试完成这一工作。

第二节 知识与行动

在考察完当前知识论析取主义的回应后，笔者将尝试给出自己的回应，其核心是构建一种基于行动的新知识论析取主义。

当代知识论的诸多讨论几乎都是基于名词意义上的知识、信念以及辩护而进行的，人们似乎忘记了这些名词的动词形态。当我们在谈论知道（know）、相信（believe）以及辩护（justify）时，我们在谈论的不应仅仅是一种静态的心灵状态，更应是一种理性能动者主动施行的行动。这一洞见的长久缺失使得当代知识论的讨论陷入一种无趣且无意义的琐碎迁延之中，人们反复讨论应当如何进一步完善知识的充要条件，以应对千奇百怪的怪异反例，但每当增改一种新的条件，总会有新的思想实验作为反例出现。久而久之，条件愈显冗余，思想实验的案例越发新奇而反直觉，我们对知识的理解却并没有实质性的进展。所以，或许是时候重拾“作为行动的知识”（Sosa，2017：71）的洞见，以一种不同的知识范式来思考传统知识论中的一系列难题。

本节承继第三章第二节关于知觉与行动的讨论，将知觉重构为一种具身的有意行动，基于这种新知觉经验概念，继续探讨知觉知识的辩护问题。笔者的核心观点在于：知觉知识是感知者通过适切地完成相应的知觉行动而获得的认知成就，而知觉知识的事实性辩护就蕴含在这种行动的成功完成之中。具体而言，首先将介绍索萨（Ernest Sosa）提出的“作为行动的知识”的主张，总结两点有益的启示，并说明笔者与他的观点之异同。接着将转向关于行动的实践知识和关于知觉的思辨知识的对比讨论，通过辨析两者的异同并探讨两者可能的贯通，尝试论证知觉知识应当是实践知识与思辨知识的有机结合。最后将着重考察知觉知识的事实性辩护，将其拆分为内在、外在两个维度，并论证具身的有意行动概念可以实现两个维度的统一，从而解决其合法性问题。

一　作为一种行动的知识

索萨的“作为行动的知识”主张建基于他完整的德性知识论理论体系。这里限于篇幅笔者只能择要介绍，重点提炼两点对本书主旨有益的启示：一是他尝试对知觉、行动与知识给出统一的问题诊断，即在三种情形中均出现的反常因果问题；二是他同时试图基于“三A模型”给出一种统一的治疗。

需要预先说明的是，笔者认同索萨的基本主张，即知识应当放在一种行动语境中加以考察，但同时本书问题意识以及推进问题的方式与索萨存在根本差异。笔者在本章中构建基于行动的知识论析取主义，其形而上学基础是本书第三章构建的基于行动的朴素实在论，即知觉本质上是一种具身的有意行动，对外部世界的直接感官交互构成了知觉经验的一部分。基于这样的本体论建构，笔者才得以进而主张知觉知识是通过完成适切的知觉行动所获得的。本书的核心想法来源于对安斯康姆有关实践知识论述的反思，并将其拓展至知觉知识，进而重构新知识论析取主义，这一过程并不涉及对认知德性（epistemic virtue）的探讨。[①]

（一）统一的问题诊断

索萨将知觉、行动与知识三种现象都视为事实性的，这意味着三种现象都是在处理广义的心灵与世界的关系问题。通过分析格雷斯（H. P. Grice）关于知觉的因果理论、戴维森（Donald Davidson）关于有意行动的因果理论，以及知识论中的盖提尔问题，索萨得出一个对三种现象的共通性诊断：它们都面临反常因果（deviant causation）带来的问题。

格雷斯对知觉给出如下因果式定义：

> X 知觉到 M，当且仅当，X 拥有一个感官经验，且 M 以正确的方式（in the right way）对其因果地负责。[②]

戴维森对有意行动的因果解释亦可简略总结如下：

> ……意图（intention）与行动之间的关系是什么。有时候没

① 虽然不涉及，但不意味着不相容，事实上通过行动语境来理解知识，的确非常适合有关认知德性、知识价值的讨论。笔者将在第五章讨论理论延展性时尝试讨论本书理论与德性知识论中知识价值问题的关系。

② 格雷斯的关于知觉的因果理论参考 Grice（1961），这里的引文转引自 Sosa（2015：12）。

有关系，因为意图并未被施行。如果意图先存在，且紧跟着有了行动，那么意图与其他事件（比如注意到时间临近）"以正确的方式"导致（cause）行动。如果行动的施行与意图同时产生，那么它们都被理由（reasons）因果地引发（caused），但意图在行动的发展中仍然是一个因果因素（causal factor）。①

类似地，在对知识的传统分析中，盖提尔问题（Gettier，1963）也可以被重塑为认知者如何以正确的方式（避免认知运气）获得真信念。

三种对不同现象的经典解释，索萨的重述都强调了"以正确的方式"，这是因为在索萨看来，三种现象面临的共通性问题在于反常因果问题，即外部世界的事实与内在的心灵状态如何能够以适切的方式因果地相连，而避免其中有运气的成分。这种分析通常涉及两个因果项，行动中是意图与肢体的运动，知觉中是心理表征与外部世界中的事实，知识中是信念与真。在做出这种分析后，不同领域的讨论便是致力于如何说明内外因素的因果关系。

（二）统一的治疗方案

然而在索萨看来，上述格雷斯、戴维森以及传统知识论学者都未能很好地解决该问题，他们至多只能停在"以正确的方式"而无法再进一步。因此他提出自己的方案，即所谓的表现理论（Perform-

---

① 引文引自 Davidson（1985：221）。在 Sosa（2015：11，Note 5）中索萨很好地总结了戴维森有意行动的因果解释理论的发展历程，最早在"Actions，Reasons，and Causes"（1963）中他将原初理由（primary reason）视为原因，随后遭受到反常因果问题的攻击，于是在"Intending"（1978）一文中做出回应，承认了原初理由无法解决反常因果问题，转而强调 all-out judgement 在导致行动的过程中起到的重要作用，最终在给 Vermazen 的回应中完善了意图与行动之间的因果关系解释。索萨的整个问题意识无疑受到戴维森的深刻影响。而就笔者自己而言，虽然戴维森对有意行动的讨论有助于廓清一些基本问题（后文会多次涉及他的讨论），他对安斯康姆的继承与发展也极具启发性，但他整体性的因果解释并非笔者所支持的。

ance Theory）。该理论将知觉、行动与知识均视为主体的表现，然后通过三 A 模型来对表现作出规范性评判。所谓的三 A 模型，是指由三个规范性评判标准构成的统一评价体系，分别是：

（1）精确性（Accuracy）：表现成功（*success*）地达成目标；

（2）熟练性（Adroitness）：表现本身是能力（*competence*）的运作；

（3）适切性（Aptness）：表现的成功展现（*manifest*）了能力的运作。

三 A 模型中最重要的即适切性。可以说，索萨的核心想法就是用“适切性”替换掉原有的“以正确的方式”，用“展现”替换掉原有的因果联系，从而规避掉反常因果问题。①

（三）本书观点与索萨观点的不同

笔者对三 A 模型本身是赞同的，因为它提供了一个良好的讨论表现（可以扩展至行动）的规范评价模型。但这里需要强调一个问题意识的不同。

上述三种现象的因果分析，一个更基本的特点是三者都是合取式分析，即都将三种现象拆分为相应的内部要素和外部要素，在此基础上再去考虑内外要素之间的因果联系问题。笔者在前三章已经分别提到了关于此三种现象的合取式分析，并主张析取主义应当采取一种反合取式分析的立场。索萨注意到这一点，并专门讨论了析取主义以及对合取式分析的反驳。然而，他并不支持析取主义的立场，因为他认为析取主义者并未能够抓住反常因果这一根本问题。他同时也不支持反合取分析的立场，因为即使我们拒斥语义（linguistic）或概念（conceptual）分析，我们也无法否认存在形而上学

① 索萨的相关讨论参考 Sosa（2015：1 – 7；2017：120 – 139）。值得注意的是，虽然索萨没有明确说明，但在笔者看来，尽管他没有否认合取式分析，但他的这一策略很像是用一种能动者因果（agent causation）替换掉原有的基于事件因果的讨论，否则“展现”关系本身就难以理解。

（metaphysical）分析。①

笔者在这一点上与索萨的问题意识存在根本性差异。笔者在全书中强调的都是合取式分析的危害，这种分析从形而上学层面割裂了原本是作为一个整体的知觉、行动与知识，由此导致了所谓的反常因果问题。可以说，合取式分析是比反常因果问题更基本的问题，否认了合取式分析，反常因果问题自然得解。笔者同时也支持析取主义的立场，主张对知觉、行动与知识都可以做出一种析取式分析，本章的核心即在于构建一种基于行动的新知识论析取主义。

当然，尽管存在这一根本不同，但是索萨这种将知觉、行动与知识打通考察的方式无疑是笔者欣赏与学习的。特别是在此情形下，知识不再是扁平的心灵状态，而是人的表现（作为行动的知识），能够为我们的知识论考察提供更多资源。

二　实践知识和思辨知识

承继“作为行动的知识”主张，在本小节笔者希望论证知觉知识应当是一种感知者适切地完成知觉行动后的认知成就，是关于自身知觉行动的实践知识与关于外部世界事实的思辨知识的有机结合。

与索萨的进路不同，笔者首先将从安斯康姆关于实践知识的讨论切入论题，重解这一概念，对若干误解进行澄清，从而展现出实践知识独有的特性。其次，笔者将通过实践知识与思辨知识的对比，表明当代知识论对这一区分存在极深的误解，主要体现为将知觉知识简单地等同于思辨知识，而丢失了通过实践知识视角审视知觉知识的洞见。最后，笔者基于第三章重构的新知觉经验概念，主张应当实现两种知识的贯通，从而重构知觉知识概念。

（一）关于行动的实践知识

笔者首先将对实践知识（practical knowledge）作详细的重新解

① 关于这一问题的讨论参考 Sosa（2015：15－17）。笔者赞同索萨做出的关于不同种类的分析的辨析，但是反合取分析从来不是简单的反对语义或概念层面做出合取分析，它必然首先是从形而上学层面提出反驳，因此笔者并不认同索萨的判断。

读，特别是澄清一些长久以来围绕安斯康姆的解读而产生的误解。主要阐明三个问题：一是实践知识作为一种特殊的第一人称知识该如何理解；二是实践知识的“真值条件”① 该如何判定；三是对托马斯·阿奎纳的名言做出新的解读。这些略显琐碎的澄清并非毫无意义，因为在随后的论证中实践知识将成为笔者重新解读知觉知识的关键因素。

1. 实践知识作为特殊的第一人称知识

安斯康姆理解的实践知识是关于自己当下正在做什么的知识。它是一种特殊的第一人称知识，这体现为：一方面，它如安斯康姆所言是非观察知识，行动者是借助于自己的身体“从里面”获得这种知识的（唐浩，2017：74）；另一方面，它又不是完全的私人性知识，而是具有一定的公共可观察性，因为行动者的意图展现于行动之中，这意味着他人可以通过观察行动者的行动而获知其意图。

这两种看似矛盾的观点在安斯康姆的讨论中均有体现。就第一点而言，安斯康姆在《意图》一书中多处讨论了非观察知识，这种知识最先被提及是指感知者可以不通过观察即知道自己肢体的位置（p. 13），而后关于有意行动的知识（实践知识）被视为这种知识的一个子集（p. 14）。这种非观察知识本身充满争议，例如感知者不通过眼睛看就能知道自己的肢体的位置，通常被解释为人类拥有一种自体感（proprioception），这种自体感本身是否是一种感官经验（sensory experience）乃至知觉经验（perceptual experience）仍存在争议。而将实践知识归入这种非观察知识之中带来更多的问题，因为实践知识的对象——行动者自身的行动，同时也是发生于世界中的事件（这一点归入实践知识的“真值条件”问题加以讨论）。撇开争议，一个基本的看法是非观察性知识是一种内部性知识，展现

① 这里的“真值条件”之所以添加双引号，是因为这只是类比思辨知识的真值条件。安斯康姆在原文中只讨论了实践知识的有无，并没有探讨实践知识的“真值条件”，在某种意义上这本身或许表明安斯康姆认为实践知识不会有真值条件。笔者在相关讨论中会加以说明。

了第一人称视角的特殊性。[①]

就第二点而言，安斯康姆在全书中一直反对行动意图的内在化解读（具体参考第三章第二节的讨论），而实践知识同时亦是对行动意图的知识，所以实践知识似乎又不应当仅仅是一种内部性知识，而应当至少具有一定程度的第三人称视角的公共可通达性。

如何解释这种张力是理解安斯康姆实践知识概念的第一个关键。笔者将实践知识视为一种特殊的第一人称知识，意在说明其内部性不应理解为意图的内在化，而应理解为行动者从第一人称视角出发对自身行动的掌控。但是，这种第一人称权威又有其特殊性，即这种第一人称知识不同于纯粹内在的思想，其内容是与关于行动的第三人称描述保持一致的，这保证了意图展现于行动之中，是公共可通达的。这种解释同时保留了安斯康姆的非观察性与非内在化的洞见。

2. 实践知识的“真值条件”

如上文所述，当实践知识被归入非观察知识时会带来如何确定其“真值条件”的问题，这是理解实践知识的第二个要点。

以安斯康姆的例子来说，我知道自己现在正在写字，但因为粉笔或黑板有问题，我实际上没有写出字来，这时安斯康姆却认为行动者仍然**知道**自己正在写字。这似乎暗示安斯康姆认为实践知识与现实世界中实际情形无关。

另一个有名的例子是“购物清单案例”（《意图》第32节）。一名男子拿着清单购物，一名侦探跟踪并记录（record）他买了什么。如果这份清单是他自己制作的，则类似于他自身意图的表达（expression of intention）；如果这份清单是他妻子给他的，则类似于一个命令（order）。现在，如果他买的东西与清单上的名目不符，

① 参考McDowell（2011b）。麦克道尔在该文中将非观察等同于非感知，唐浩在其文章中接受这一说法，两人都对安斯康姆的身体性自我知识做出了详细考察。笔者赞同两人的一个基本主张，即非观察性强调的是这种知识的内部性。在本书中，笔者将这种内部性进一步理解为从第一人称出发的掌控。

那么无论是他自己做的清单还是妻子给的，都错在行动；如果侦探的记录与他买的东西不符，则错在记录。可以看到，意图的表达与命令类似，归错都归在做了什么；而与记录不同，后者归错在说了什么。这似乎暗示安斯康姆将实践知识作为一种行动者对自己下达的命令。

《意图》中一个广受争论的段落如下（p. 82）：

> 然而命令可能不被遵守，意图可能未能被成功执行。例如当粉笔或黑板出现问题，字并没有出现，这时意图便未被执行。然而即使这些事情发生，我的知识仍然照旧。那么如果我的知识独立于实际发生的事情，它又如何能够是关于实际发生的事情的知识？有人可能会说这是一种可笑的知识，尽管它的内容并非与事实一样但它仍然是知识！这里提奥夫拉斯图斯的警句再次适用："错误在于表现，而非在于判断"。

对上述引文历来理解不一。莫兰（Richard Moran）认为安斯康姆混淆了知识的真值要求（truth requirement）和知识与行动出现不匹配时该如何归责的问题，后者不等同于前者，无论是实践知识还是思辨知识都有真值要求，否则不成其为知识。（参考 Moran, 2004）麦克道尔有类似的观点，他认为如果安斯康姆的实践知识不是一种可笑的知识，她就不应放弃实践知识的真值要求，特别是安斯康姆自己有提出反对意图的内在化解读。（参考 McDowell, 2010b）麦克道尔相应地给出了自己关于实践知识的析取论解读：好情形中，有意行动得以成功地加以实施，则能动者就拥有对于自身有意行动的实践知识；坏情形中，能动者只是意图做某事，而事实上相应行动并未成功，则能动者并不拥有对于自身有意行动的实践知识。徐竹不赞同麦克道尔的析取论解读，"在析取论方案中，实践知识出错完全取决于行动出错：如果做甲事的意图没有成功实现，那么行动者就不可能真的知道'我正在做什么'；但从安斯康姆的观点看，实践知识的可错性仅仅在于行动者可能不知道那是‘属我的’行动，而行动的可错性却是指行动者没有实现他想要做的事情。”（徐竹，2020：124）他进而坚持安斯康姆对实践知识的命令类比，并且主张用“属我性”来理解实践知识的可错性。

在笔者看来，上述争论都未能实现很好的平衡。莫兰与麦克道尔强调了实践知识作为一般性知识的第三人称视角公共可通达性诉求（亦即反意图内在化诉求），徐竹强调了实践知识作为自我知识的第一人称视角的属我性特征。两种理解本身都无错，但都有失全面，而笔者尝试给出一种兼容解释。

在笔者看来，实践知识自身的“真值条件”应以**行动的有无**为判定标准，而不是以**行动的成功与否**为判定标准。行动的有无体现的是行动者是否做出该行动，行动的成败体现的是行动者是否达成行动的目标。要点在于一个失败的行动仍然是行动，因此，即使是关于一个失败的行动的实践知识仍然“为真”。这与安斯康姆写字的例子相符：即使我没能在黑板上真正写出字来，但我仍然知道自己正在写字。这里的“知道”是在实践知识的意义上说的，其“为真”是基于即使该行动失败（字没写出来），但失败的行动仍然是行动，行动本身仍然发生了。

笔者的解释优势在于它综合了上述两种诉求：一方面，行动的有无是事实陈述性的，因而可以与第三人称视角的公共可观察特性相容（这一点优于徐竹的“属我性”以及命令类比，因为命令类比本质上是规范性的，因而无法作为第三人称的表述）；另一方面，行动的有无取决于行动者是否做出相应的行动，而非单纯的世界中是否发生相应的事件，这又体现了从第一人称视角出发的行动者对自身行动的掌控（这一点优于麦克道尔的析取论）。

3. 实践知识是其所理解对象的肇因

在笔者看来，理解实践知识的第三个要点是理解托马斯·阿奎纳的名言，它被安斯康姆在《意图》第 48 节作为总结性陈述引用：

> 实践知识是“其所理解对象的肇因”（the *cause* of what it understands），思辨知识则“导源于被认知的对象”（is derived from the objects known）。（p. 87）

这里暂且将两者的对比置于一旁，专注于解释如何理解实践知识作为肇因（cause）[①]，安斯康姆对此给出了非常重要的解读：

> 这不仅意味着实践知识被视为各种结果产生的必要条件……它还意味着没有它（指实践知识），发生的事件就无法归于（come under the description）“意图执行”的描述之下。（p. 88）

上述引文提示了两种对“肇因”的理解，而多数人的理解是第一种，即实践知识引导着主体做出各种行动，产生相应的各种结果，在此意义上实践知识构成各种现实结果之原因（行动本身）的必要条件。但安斯康姆明确表明其意义不止于此，甚至她更在意的是第二种含义。关键是如何理解“come under the description”，在笔者看来，这意味着**拥有相应的实践知识是有意行动的标志**，实践知识本身也是关于行动意图的知识，有了它才有了意图，才使得纯粹的身体行为变成了属于行动者的行动。换言之，实践知识本身解释了行动的合理性，肇因亦是行动的理由。当某人被询问“为什么做X?”时，他的回答既是行动的原因，也是行动的理由。在笔者看来，某种意义上戴维森反向表达了相同的观点，“理由使行动合理化”，同时“行动的原初理由即是它的原因”。（Davidson，1963：1，12）

值得注意的是，上述三个理解实践知识的要点并非任意挑选，而是为后文将实践知识重新带回知觉知识的讨论张本。实践知识作

① 笔者特意将 cause 翻译为“肇因”，以有别于“原因”，因为此处 cause 不仅仅是传统意义上的基于事件本体论的因果关系中的“原因”。

为一种独特的第一人称知识，体现了行动者对自己行动的把控（能动性），这为主张知觉知识本质上是成功完成知觉活动后的认知成就作铺垫。实践知识的“真值条件”被解读为行动之有无，而非行动之成败，这为将实践知识融入知觉知识却又不影响知觉知识原有的真值判定作铺垫。实践知识作为“肇因”被解读为不仅是行动的原因，同时也是行动的理由，这为解释事实性辩护作铺垫。笔者将在后文的讨论中围绕这三点作进一步说明。

（二）关于知觉的思辨知识

在完成对实践知识的详细考察后，笔者将简要地列举思辨知识（speculative knowledge）的对应特征，以与实践知识进行比较。

在安斯康姆的理解中，思辨知识是指感知者借助知觉官能观察周围环境所获得的知识，例如看到眼前有张桌子。

与上述实践知识不同，思辨知识通常是第三人称知识，即具有公共可通达性；其认知对象通常是外部客观世界（或者将自己的身体作为客观对象来进行认知）；其具有相应的真值条件，一般为真与否取决于相应信念内容是否符合外部世界中的事实。在安斯康姆的讨论中，思辨知识是观察性知识，依赖于感知者对外部世界的观察，是某种由外而内的知识。在阿奎纳的名言中，思辨知识被认为是“源于被认知的对象”，即外部世界中的事实决定了思辨知识的内容。

以上特征表明思辨知识是一种非常不同于实践知识的知识类型，展现了完全不同的关于知识的理解。更重要的是当代知识论讨论中一般将知觉知识视为典型的思辨知识，这无疑部分源于本体论层面知觉通常被理解为一种心灵状态而非行动。笔者将在下文论述这是一种非常糟糕的理解。

（三）两者的分殊：当代知识论的梦魇

行文至此，可以用下表对两种知识做出简要的总结。

	实践知识	思辨知识
人称	第一人称	第三人称
对象	有意行动	外部世界
真值条件	行动的有无	对象的有无
安斯康姆	“非观察知识”	“观察知识”
阿奎纳	“所理解对象的肇因”	“源于被认知的对象”

可以看出这是两种很不一样的知识，然而安斯康姆在《意图》第 32 节末段公然控诉当代哲学误解了实践知识的真正内涵却引发笔者的新思：

> 难道不是当代哲学木然地误解了古代与中世纪哲学家所谓的实践知识吗？我们在当代哲学中无疑拥有一个关于知识的无可更改的沉思式概念。所谓的知识必须是通过与事实相符合而被断言为是如此这般。所谓的事实、实在，都是在先的，并且决定着什么能够作为知识被言说。这正解释了我们自己身陷其中的彻底的黑暗。因为如果存在两种知识——一种通过观察获得，另一种寓于意图之中——那么似乎就必须存在两种知识的对象；但是如果某人说对象是一致的，那么他就会在行动中无助地寻求沉思知识的不同模式，就好像行动的过程中有一种非常古怪而特别的观察之眼。（p. 57）

在笔者看来，这不仅仅是对当代知识论误解了实践知识的控诉，也是对当代知识论将思辨知识作为唯一的知识形式的控诉。关于两种知识区分的讨论，安斯康姆有如下表述：

> 因此在任何运作中，我们的确能够谈论两种知识——一种是关于某人正在做什么的解释，不需要借助观察；另一种是关于在给定时刻发生的事件中某人正在操作的材料的解释。前者是实践的，后者是思辨的。（pp. 88 – 89）

上述引文似乎表明安斯康姆承认存在两种知识。但值得注意的是，在笔者看来这并不意味着“行即所是”（I do *what happens*）的口号就被抛弃了。承认存在两种知识，并不意味着主张两种知识的内容不能够等同。**实践知识与思辨知识的真正区别在认知方式的不同**，前者是第一人称、非观察的；后者是第三人称、观察性的，**但这并不意味着两者的内容不能够等同**。对于同一行动，可以有不同视角的知识。如果麦克道尔的解读是对的，即实践知识不会成为一种奇怪的内在知识的话，那么两种知识内容上匹配甚至应当是必要的。（参考 McDowell，2010b）

在笔者看来，对安斯康姆关于实践知识的讨论必须批判地继承。依据认知对象的不同将实践知识（以自身有意行动为对象）与思辨知识（以外部世界中的事实为对象）进行区分是可以理解的，但是也存在极大的风险，其中最严重的问题在于割裂了行动与知识的联系。当代知识论因为机械地理解这一区分，对知识的讨论陷入一种能动者缺位的状态，知觉知识被视为纯粹的思辨能力运作的后果，被理解为对外部世界事实的被动接受，其结果必然是陷入怀疑论的陷阱，因为这种理解中我们根本无法跨越本体论上心灵与世界的鸿沟。可以说，实践知识的长久缺位，以及知觉知识被简单地等同于思辨知识，是当代知识论的梦魇。

为从噩梦中醒来，一方面，我们要认识到这两种知识的诸多不同；另一方面，我们也要明确地看到两种知识的贯通，特别是我们不能将知觉知识简单地理解为思辨知识。

（四）两者的贯通：重整知觉知识

基于上述讨论，笔者尝试给出下述知觉知识的理解公式：

知觉知识 = 关于自身知觉行动的实践知识 + 关于外部世界事实的思辨知识

这一公式初看略显荒唐，因为如果安斯康姆的上述分析是对的，那么这是两种非常不同的知识。两种知识针对不同的对象，获取的方式也不尽相同，如何能够糅合在一起构成知觉知识？在笔者看来，这首先需要正确地理解知觉，好在笔者在第三章已经详细论述知觉本质上应当是一种具身的有意行动，因此知觉知识中包含关于自身知觉行动的实践知识似乎就不那么难以理解。

这里的“+”不能简单地理解为两种知识的叠加，而是指知觉知识是两者的有机结合。具体而言，同一知觉知识中，思辨知识是实践知识的**结果**，实践知识是思辨知识的**肇因**。依据前文对肇因的解释，这意味着对知觉行动的实践知识不仅是关于外部世界事实的思辨知识的必要条件；同时它也使对外部世界对象的思辨知识获得了必要的合理性，使之合法地成为感知者的知识，而不仅是碰巧为真的信念。换言之，作为肇因的实践知识部分地构成了思辨知识的辩护。①

知觉知识的本质是感知者通过适切地完成相应的知觉行动而获得的认知成就。这当然无碍于其本体论上仍然是一种心灵状态，但重点在于作为一种**成就**的心灵状态（mental state as *achievement*），其自身是与知觉行动紧密联系的，没有相应的知觉行动，就没有相应的知觉知识。

值得注意的是，知觉知识的**真值条件**仍然是由是否与外部世界中的对象相符决定的，实践知识的加入并不会改变知觉知识的真值条件。这符合阿奎纳的名言中后半句的教诲，“思辨知识导源于被认知的对象”，外部世界中的事实仍然是知觉知识规范性的重要来源。

重要的改变在于，对知觉知识的规范性评价不再是仅由其真值条件决定，而是将实践知识的因素纳入对知识整体性的规范性评价之中。这具体表现为，实践知识虽然不会影响知觉知识的真值条件，却会直接影响其是否得到合理的辩护。正如笔者在第三章第二节讨论

---

①　之所以只是“部分地”，是因为关于自身知觉行动的实践知识不是知觉行动自身，笔者将在后文说明，好情形中知觉知识所拥有的事实性辩护完整地来源于成功的知觉行动本身。

“两种理解幻觉的方式”中案例（1）所描述的，当感知者不具有对自身知觉行动的实践知识时（换言之即没有做出相应的知觉行动），即使他当下的现象感受与外部世界的事实相符合，我们也不会认为他拥有真实知觉，彼处的解释是感知者没有展现自身的能动性，他的现象感受只是恰好发生于其上。进入本章的讨论，我们可以说，感知者至多是拥有了碰巧为真的信念，而不拥有相应的得到辩护的知觉知识。

三　知觉知识的事实性辩护何以可能?

本章第一节认为麦克道尔与普里查德版本的知识论析取主义没有彻底解决事实性辩护的合法性问题。本节笔者尝试基于新知觉经验概念重新诠释知觉知识，它不再是单纯的心灵状态，而是完成相应知觉行动后的认知成就。更重要的是，它不再是单纯的思辨知识，而是关于自身知觉行动的实践知识与关于外部世界事实的思辨知识的有机结合体。然而，知识论析取主义面临的问题仍然存在，即好情形中独有的事实性辩护何以可能，笔者这里尝试解决这一问题。

具体而言，笔者首先会将事实性辩护概念拆分为内外两个维度加以讨论，以说明事实性辩护的合法性问题究竟是什么；其次，笔者将论证基于上述重新诠释的知觉知识概念，特别是作为完成知觉行动后获得的认知成就，事实性辩护不再成为问题。

（一）事实性辩护的外在维度

通常而言，知识是事实性的（factive），即“S 知道 p”，仅当“p 为真”。但是就辩护而言，人们却未必接受它是事实性的，因为通常人们接受知识是不可错的（infallible），但对信念的辩护却未必是不可错的。无论是全局式怀疑论还是局部式怀疑论，似乎都在告诉我们辩护至多只能是非确定的（inconclusive）。这种忧虑部分是正当的，因为我们是作为有限的个体存在，部分却是源于根深蒂固的偏见，这种偏见认为心灵永远无法达及外部世界。

知识论析取主义的洞见则在于拂除了人们这种无端的忧虑，它主张可错性不应妨碍我们在好情形中拥有正确的经验。笔者在前文已经表明了对这一洞见的支持，但现在的问题是，好情形中的辩护真的可以是不可错的（infallible）或确定的吗？知识论析取主义者的回答是肯定的，且他们直接将这种不可错性建立在辩护的事实性之上，即这种辩护之成立，仅当外部世界中的事实果真如此。

这就是事实性辩护的外在维度，其达成依赖于外部客观世界在特定情形下的配合，这种配合不以人的意志为转移。

（二）事实性辩护的内在维度

然而事实性辩护的另一要点在于其本质上仍然是辩护。知识论中围绕着辩护概念存在诸多争论，例如内在论—外在论之争、基础主义—融贯论之争，甚至许多哲学家认为这一概念本身应当被其他概念所取代，诸如担保（warrant）、资质（entitlement）。这里对这些复杂的讨论暂且搁置一边，而主要通过辩护与辩解的区分来阐释笔者所理解的辩护的内在维度。

麦克道尔在谈论所予（the Given）时做出这一区分，“这里发生的事情是外力的结果，是世界的因果后效，其运作在我们的自发性（spontaneity）控制之外。但是因为我们发现自己所处的境地最终决定于纯粹的外力（brute force）而免于指责是一回事；拥有一个辩护却是另一回事。事实上，所予的观念是在我们需要辩护（justifications）时给予我们辩解（exculpations）。”（McDowell，1996：8）针对这段话的注释里，麦克道尔表明辩护与辩解的区分其实彰显的是自发性与外在世界的限制之间的张力。

就本书的论证目的，这一区分的意义则在于表明辩护的内在维度，它应当是发生于理由空间之内的，是感知者能够运用自己的自发性/理性能力加以把控的，同时也是能够为之担负认知责任的。

（三）行动对两个维度的统一

上述对事实性辩护概念的双维度理解，展现了一种看似不可调和的割裂。一方面，这种辩护的事实性特征表明其达成仰仗于外部客观世界在特定情形下的配合；另一方面，作为辩护而非辩解，它又需要内化于感知者所处的理由空间，能够被感知者把握和理解。问题就在于，外部客观世界中的事实究竟如何被纳入内在的理由空间之中并提供辩护？要特别注意这里的内外之分不是传统的心灵—世界的内外之分，而是基于理由空间的内外之分。

在笔者看来，这种割裂究其根源，在于上述讨论还是基于传统的思辨哲学传统来理解辩护，而没有尝试着从实践哲学的视角来理解。如果我们将知觉本质上理解为一种具身的有意行动，将知觉知识理解为一种知觉行动的认知成就，那么对特定知觉知识的辩护就不应是感知者的另一个心理状态（信念或任意其他心理状态），而应是感知者的知觉行动本身。感知者确信自己当下的信念为真，不是因为他持有其他更可靠的信念，而是因为他当下的信念产生于他自身的有意行动。换言之，**辩护的本质不是理由空间中的信念推理，而是理由空间中的有意行动，知觉知识的事实性辩护得自于成功的知觉行动。**

事实性辩护能够通过行动获得，因为上述割裂在具身的有意行动中被完美弥合了。具身的有意行动，一方面它发生于律则空间之中，因为它是具身的，感知者借助自身身体做出的各种行动都是切实地发生于世界之中的；另一方面它也发生于理由空间之中，因为它是有意的，感知者对自己的行动有着概念性的把握，对自身的知觉行动有着实践知识。两方面的特性融于同一个概念，使得事实性与辩护之间的张力得以顺利消解。当感知者成功地完成相应的知觉行动时，其行动本身即提供了对相应的知觉知识的事实性辩护。

第三节　基于行动的新知识论析取主义

第二节对知识—行动关系进行了详尽讨论，将知觉知识重新解释为关于自身知觉行动的实践知识与关于外部世界事实的思辨知识的有机结合，是一种感知者完成相应知觉行动后的认知成就；同时还对知识论析取主义主张的真实知觉中的事实性辩护的合法性问题进行了处理。

本节将尝试基于上述讨论进一步构建一个完整的基于行动的新知识论析取主义方案，并用它来回应第二章第四节中的康德式怀疑论以及两个彻底怀疑论论证。

一 核心主张与理论优势

（一）核心主张

相较于传统知识论析取主义，笔者继承和发展了其两大核心主张：（1）基于行动的新知识论析取主义保留了传统知识论析取主义的消极共识："对错有分"。

具体表述如下：

在好情形（真实知觉）中，感知者成功地完成了相应的知觉行动，因而获得了相应的知觉知识；而在坏情形中，感知者要么没有行动（幻觉），要么行动失败（错觉），因而没有获得相应的知觉知识。

值得注意的是，这里的知觉知识是实践知识（针对自己的有意的知觉行动）与思辨知识（针对外部世界中的事实）的有机结合体，这意味着上述析取主义方案可以有更精细的表述：

在好情形（真实知觉）中，感知者拥有实践知识，进而在外部环境配合的情况下，获得相应的知觉知识。坏情形中，要么没有知觉行动，则没有实践知识，此时即便信念碰巧为真，也没有相应的事实性辩护，因而没有相应的知觉知识（幻觉）；要么行动失败，此时尽管拥有实践知识（因为仍然有知觉行动的施行），但却因为外部世界的不配合，因而仍然没有相应的知觉知识（错觉）。

（2）基于行动的新知识论析取主义还保留且发展了传统知识论析取主义可能存在的积极洞见：即**在真实知觉中感知者的信念拥有事实性辩护**。

不同之处在于，这种事实性辩护不再是感知者通过其他理由空间中的信念推理获得，而是感知者通过适切地完成相应的知觉行动，与外部世界中的事实发生切实的交互，进而处于理由空间之中的有意行动得以贯通世界与心灵，其成功的完成为相应的信念提供了事实性辩护。

综合上述两点便是基于行动的新知识论析取主义。值得注意的是这不同于麦克道尔的关于实践知识的析取论，笔者对实践知识“真值条件”的理解不同于他。

（二）理论优势

相较于麦克道尔与普里查德版本的知识论析取主义，基于行动的新知识论析取主义最大的理论优势便在于更好地解决了事实性辩护的合法性问题。具体讨论已经在本章第二节予以说明，这里不再赘述。

其次，基于行动的新知识论析取主义要比麦克道尔与普里查德的版本具有更好的形而上学基础，不难看出它与基于行动的新朴素实在论—析取主义存在高度的统一性；而麦克道尔与普里查德则一直主张自己的知识论析取主义独立于形而上学析取主义（参考第二章第二节）。

最后，也正因为该理论与形而上学理论的高度整合，特别是它基于完全不同的对于知觉经验的理解，因此它在应对怀疑论挑战时拥有更多的资源，具体可见下文的分析。同时，它也反过来为朴素实在论提供了知识论层面的支持。

二　回应康德式怀疑论

正如第二章第四节所述，严格来说康德式怀疑论并不是一个知识论问题而是一个形而上学问题，但是无疑它会让我们陷入更深的知识焦虑，因此无法置之不理。而要回应康德式怀疑论即需要说明意向性何以可能，需要消除一种对丢失外部世界的无端忧虑，而这一切都在基于行动的新知识论析取主义中得到了相应的解决。

如上文所述，基于行动的新知识论析取主义的优势之一便是有着坚实的形而上学基础，这让它在应对康德式怀疑论时拥有极大的优势。康德式怀疑论的核心问题是意向性何以可能，然而这一问题在基于行动的新知识论析取主义架构中被消解重构了。我们对知觉的理解不再是简单的心理状态，而是具身的有意行动，因此传统的心理状态（心理表征）的意向性问题被消解了，而代之以行动的意向性问题。

但后者显然要比前者容易解释，我们不再是思考抽象的“关涉”（aboutness）何以可能，而是拥有真实发生于世界之中的有意行动。心灵如何勾连世界？答案不再是神秘的关涉，而是通过具身的有意行动将其纳入我们的理由空间。我们的经验/知识何以能够关涉世界？因为我们的经验本就发生于世界之中，我们积极地与世界进行交互，而知识是我们适切地完成相应的知觉行动后的认知成就。

正因为有着这样坚实的形而上学基础，康德式怀疑论背后隐藏的对于丢失世界的隐忧也得以消解。一个封闭的心灵或许需要担忧被世界抛弃，而一个敞开的心灵则毫无必要，即使它要溜走，伸出手“抓住”就好。

三 回应笛卡尔式怀疑论

当康德式怀疑论得到妥善处置，笛卡尔式怀疑论则更加不成问题。当对知觉的形而上学理解从根本上发生改变，普特南诊断的“界面”在新的基于行动的理论架构中亦将不复存在。

基于行动的新知识论析取主义在面对笛卡尔式怀疑论时，不再如同麦克道尔版本的知识论析取主义一样，只能做出消极的“诊断”，而是有更充足的理由和自信来宣称在好情形中感知者获得的是事实性辩护。

值得注意的是，笔者在本章第一节对麦克道尔的版本并非全然否定，其“诊断”的洞见已然可以强有力地阻断一部分彻底怀疑论的攻讦，因此笔者本节的回应将更多地讨论基于行动的知识论析取主义的独特贡献。

（一）回应基于非充分决定原则的彻底怀疑论论证

面对基于非充分决定原则的彻底怀疑论论证，与普里查德和麦克道尔的做法一致，笔者选择直接回应，即非充分决定原则背后反映的理由的偏狭性论题不成立，亦即最大共同因素原则不成立。理由是好情形中感知者可以获得事实性辩护，而幻觉或错觉中则没有，好情形中的辩护显然优于坏情形。与普里查德与麦克道尔不同之处在于，这里事实性辩护有了更清晰的说明，并且是基于感知者自己的知觉行动获得的，因此更加坚实。具体的论证参考前文对事实性辩护的讨论，这里不再赘述。

（二）回应基于闭合原则的彻底怀疑论论证

面对基于闭合原则的彻底怀疑论论证，普里查德认为知识论析取主义无法给出回应，因为它对理性评估的普遍性论题并没有给出任何回应。而在笔者看来，这一论证的核心并不在于闭合原则，而在于作为全局式怀疑论的怀疑论预设存在问题。

因此，尽管笔者同样赞同麦克道尔的诊断策略，但这里仍选择直接回应 BIV_1，即反对“我不知道我不是 BIV”。这里基于行动的知识论析取主义应该重拾摩尔的自信，我们只需要如同摩尔一样“挥舞”自己的双手，然后宣称“这里有两只手”即可。值得注意的是，这里我们不再单单是依据对常识的自信，而是依据新的对事实性辩护的理解。“挥舞手臂”是一种行动，而行动本身为我的知觉知识提供辩护。

这里可能存在的质疑是莱特或许会再次上线，基于行动的知识论析取主义或许会被再次扣上“没有认真对待怀疑论”的帽子，特别是一般意义上的循环论证的指责可能会再次出现。对此笔者的回应是，当怀疑论前提的合法性本身受到质疑时，笔者想象不出比这更严肃地对待怀疑论的方式。

第四节　认知能动性与双维度规范性

综观本章第一节到第三节的讨论，笔者基于第三章给出的新知觉经验概念，通过重新梳理实践知识与思辨知识的关系，给出了新的知觉知识的定义，进而构建基于行动的新知识论析取主义，解决了事实性辩护的合法性问题并且回应了相关的怀疑论论证。

在此过程中，一个逐渐凸显的核心在于对认知能动性（epistemic agency）的重新发现。认知能动性与第三章的知觉能动性乃至更一般的能动性同根同源，不同之处在于知识论语境中对能动性的考察反映的问题意识不同。在心灵哲学或更一般的形而上学讨论中，对能动性的考察关涉的是如何在一个物理的（physical）世界里安放能动者（agent）的位置；而在知识论语境中，对能动性的考察关涉的不仅是理性能动者（rational agent）在认知活动中起到怎样的作用，还涉及能动性对规范性评价的影响，因为知识论本质上是对人类理性能力的一种规范性考察。笔者在本节即将从这两点出发对认知能动性作简单的阐发。

一 认知能动性

在当前德性知识论的讨论中，一个显见趋势是将知识视为一种认知成就。本章第二节的讨论中，笔者通过不同于德性知识论的进路得出了相似的结论：知觉知识是感知者以适切的方式成功地完成相应的知觉行动后获得的认知成就。

作为一种成就，其最基本的要求是，你总得做点什么才能获得它。而这亦是本章对认知能动性的讨论中最低限度的要求，即知觉经验能够提供相应的知觉知识，一定不是感知者被给予了某种心理表征进而获得了知识，而必须是感知者做了点什么进而赢得了知识。这与本书第三章对知觉经验的形而上学考察是一致的：知觉本质上是人的行动，而不是人对外部世界中的事实的被动接受。

当然，“做了点什么”显然是一种非常模糊的说法，并不是只要感知者做了什么就能确保获得知识。因此，德性知识论者进而对认知成就的达成给出了更为严苛的条件，基本的想法是这种成就的获得不能是出于偶然或运气，而是要出于感知者自身的原因。换言之，感知者的行动与最终的成就之间需要存在一种适切的关联。至于这种适切的关联是什么，则有不同的理解，例如德性责任论（virtue responsibilism）主张认知成就的达成应当展现了理性能动者良好的认知品格（epistemic character）①，而德性可靠论（virtue reliablism）则主张认知成就的达成应当展现了理性能动者完善的认知能力（epistemic competence）②。对于两种德性知识论进路的品评并非本书的任务，这里不予展开。③ 然而值得注意的是两条德性知识论进路所展现出来的共同倾向，即他们都不再基于事件因果来考察适切的关联是什么，而是将理性能动者的能动性因素纳入考量。④ 如果这里适切的关联仍要用因果关系来进行表述，那么它在德性知识论语境中更应该是一种能动者因果（agent causation），强调的是能动者在整个过程中起到的作用。

更深入的讨论将涉及更广泛的因果理论的争论，笔者这里不予展开。但值得注意的是，就本书构建的基于行动的知识论析取主义而言，其形而上学基础是基于行动的朴素实在论，它只要求知觉本质上是一种具身的有意行动，至于采用何种行动理论则具有一定的开放性。在笔者看来，知识论析取主义与德性知识论的结合当然是非常合适的，但就本书的论证目的而言，这种结合却并非必须的，本书只需在最低限度上要求知觉行动中体现了认知能动性。

二　双维度规范性

与第三章关于知觉能动性的讨论不同，知识论语境中对认知能动性的讨论无疑会涉及认知规范性，它拓宽了我们考虑规范性来源的视野，而这在笔者看来是基于行动的知识论析取主义（乃至所有强调从

---

① 代表人物有 Linda Zagzebski（1996），Jason Baehr（2011）。

② 代表人物有 Ernest Sosa（2007，2010，2015），John Greco（2010）。

③ 关于德性知识论的综合性介绍和评价，参考 Battaly（2008）。

④ 索萨本人因为支持对知觉、行动与知识的形上学意义上的合取式分析，而让人难以确定他是否与笔者这里的分析吻合，参考本章第二节的讨论。这里给出的是笔者理解的德性知识论的一般性策略（可能更符合德性责任论）。

行动视角重新审视知识的理论），相较于传统知识论最大的进步。

认知能动性的重新发现，或者说对认知的主体性维度的重新发现，将认知规范性问题从单纯的“你应当相信什么?”扩展为“你应当如何去相信?”，规范性考察的视野从单纯的知识的内容扩展至整个知觉行动的适切性。前者的规范性来源只能是外部世界中的事实，事实和实在决定了我们应当相信什么。而后者则将理性能动者本身的能动性要素视为规范性的来源，事实和实在只是决定了信念能够成为知识的必要条件，却并未提供充分条件，信念要想成为知识，还需要理性能动者以适切的方式去相信。传统思辨哲学传统下的知识论讨论很少去讨论认知者维度的规范性评价，而只是一味强调对信念自身的要求，基于行动的考察无疑是对传统范式的重要纠偏。

德性知识论在这方面作了巨大的贡献，本章第二节中提到的索萨的三 A 模型就是这类工作的典范，它建立起一个相对完善的对人的认知行为的规范性评价体系，对此笔者不再赘述。这里需要强调的是，本书所建立的基于行动的新知识论析取主义尽管与索萨的形而上学立场存在重要不同，但是在对双维度规范性（事实的规范性与能动者的规范性）的建立上无疑是高度一致的。

本章小结

本章主要致力于构建基于行动的知识论析取主义，并用它来回应第二章第四节的彻底怀疑论论证带来的挑战。贯穿全章的核心观点在于：知觉知识应当是感知者以适切的方式成功地完成相应知觉行动后的认知成就，是关于自身知觉行动的实践知识与关于外部世界事实的思辨知识的有机结合。

笔者首先考察麦克道尔与普里查德版本的知识论析取主义，肯定了其作为一种回应彻底怀疑论论证的消极策略的价值，但同时亦指出两人都未能对知识论析取主义的积极主张（即好情形中感知者能够获得事实性辩护）给予充分的说明。无论是先验论证还是枢纽知识论，都至多说明获得事实性辩护的可能性，对如何获得缺乏有力的说明。

笔者接下来转入对知识与行动关系的考察。笔者对安斯康姆关于实践知识的讨论进行了详细的重新解读，对实践知识与思辨知识的分殊与贯通给出新的诠释，从而得出新的知觉知识的定义，并对第一节的遗留问题——事实性辩护的合法性问题给予了解答。

基于上述工作，笔者于第三节尝试构建基于行动的新知识论析取主义，它与第三章基于行动的新朴素实在论具有高度的理论一致性。并且基于该理论，笔者尝试着对康德式怀疑论与笛卡尔式怀疑论（两个彻底怀疑论论证）给出自己的解答。

最后，笔者基于全章的讨论强调了认知能动性在整个理论构建中起到的关键作用，它既与第三章中的知觉能动性一脉相承，同时又丰富了我们现有的认知活动的规范性评价体系。

至此，笔者完成了围绕知觉经验的形而上学与知识论考察，下一章将进入对全书的反思与总结。

第五章

知觉、行动与知识

在完成了第一章到第四章的系统性考察后，本章将进入最后的反思和总结。纵观全书，笔者的考察起始于给出方法论层面的四条标准，展开于厘清围绕实在论的三层争论，深入于具体探讨针对朴素实在论—析取主义的形而上学和知识论难题，完成于构建基于行动的新朴素实在论与新知识论析取主义。贯穿全书的是对知觉经验的形而上学考察和对知觉知识的知识论考察，在此过程中笔者创造性地基于行动概念重解传统的知觉与知识概念，开启完全不同的理论视角，并最终给出一个更加健硕的知觉理论。进入最后一章，笔者将尝试着对全书的讨论作一些批判性反思和总结。

首先，笔者将对全书的讨论作一系统总结。在本书中，笔者综合探讨了知觉、行动与知识三种现象，在第三章第二节与第四章第二节分别探讨了知觉与行动、知识与行动的关系，并主张**以行动为核心来理解知觉与知识**。在这里笔者将更加清晰地说明三者之间的联系，并主张全书最终形成了一种“行动优先”的统一解释。其次，笔者希望讨论一下本书理论的可拓展性，主要探讨它与德性知识论的可能融合，特别是对知识价值问题可能作出哪些贡献。最后，笔者也将批判性地反思本书的讨论。将尝试提出两个针对本书核心概念的反驳，一是对知觉能动性的本体论地位提出质疑；二是对将实践知识引入知觉知识的合法性提出质疑，笔者将在第四节给出自己的回应。

第一节 一种“行动优先”的统一解释

在第三章和第四章，笔者分别用相当长的篇幅讨论了知觉与行动、知识与行动的关系问题。纵观全书，我们不难发现在这三种现象之间存在相当有趣的一致性，它们从根本上都是对心灵—世界关系的探索。本书在行文中无疑有意体现了三者之间的一致性，以至于给出的解决方案也存在相当程度的统一性，大致可总结为如下三点：

（1）无论是知觉、行动还是知识，我们都拒绝对它们进行一种合取式分析，即反对将它们分解为一个内部要素和一个外部要素的合取（且往往内部因素被好、坏情形共享，而外部因素由好情形独享）。

（2）无论是知觉、行动还是知识，我们都提倡对它们进行一种析取式分析，即坚持主张“好坏有别、对错有分”，好坏情形的最核心区分在于相应的活动中是否展现了感知者/行动者/认知者的能动性。

（3）无论是知觉、行动还是知识，我们都是作为一个能动者朴素而理性地直面外在于自身的世界。这里的“朴素”不是哲学上的幼稚，而是回归平和的常识；这里的“理性”不是哲学上的过智，而是坚守人的独特位置。

就第一点而言，合取式分析是传统哲学讨论对三种现象给出的解释，是基于一种分离的笛卡尔式心灵—世界二元对立的本体论图景。**反合取式分析**是对三种现象的传统哲学图景的破除，在诸多哲学家的讨论中均有体现（本书中着重讨论的有安斯康姆、麦克道尔以及威廉姆森）。就知觉而言，传统的合取式分析将其解释为内在的心理表征与外在事实/实在的对应符合；就行动而言，传统的合取式分析将其解释为内在的行动意图与外在肢体运动/外在世界事态的对应符合；就知识而言，传统的合取式分析将其解释为内在的信念状态与外在事实/实在的对应符合。不难看出，合取式分析的共性在于都将一个完整独立的现象拆分为内外两种因素，这带来的一个共通性问题，即如何联系内外两个因素。这一共通性问题在不同讨论语境中有不同表述，例如知觉哲学中普特南提出的界面问题，行动哲学中因果解释理论面临的反常因果问题，知识论中的认知运气问题。这些看似不同的问题其背后却隐藏着相同的原因，而认识到这一点并尝试从根源上加以解决正是反合取分析的价值所在。

在笔者看来，反合取式分析成为多位优秀哲学家的共同主题并非一种巧合，而是当代哲学讨论不堪其扰的必然结果。笛卡尔式心灵—世界二元对立的本体论图景对当代哲学各个领域的讨论都带来深刻影响。就本书关切的主旨而言，无论是幻觉论证还是彻底怀疑论论证，其背后撑腰的无不是以这种本体论图景为据的合取式分析。因此，**拒斥合取式分析**也就成了三种现象统一性解释的第一个共同点。

就第二点而言，如果说反合取分析是一种针对传统哲学解答的诊断，是“破”；那么提倡析取式分析就是当代诸位优秀哲学家给出的药方，是“立”。析取式分析的核心主张在于坚持“好坏有别、对错有分”（亦即所谓反对共同类原则与反对最大共同因素原则），这里的“分”“别”是一种类上的区隔，而不是要素上的增减。具体而言，知觉讨论中真实知觉与幻觉好坏有别，行动讨论中有意行动与仅发生的事件好坏有别，知识中知识与仅为真的信念好坏有别。析取式分析的一个重要特征在于保留了知觉、行动与知识的完整性，这意味着好情形中的行动、知觉与知识都是具有原初性（primeness）的存在。① 这种原初性的根源在于本体论层面心灵—世界的二元割裂被弥合，析取式分析的本体论图景越过了笛卡尔，溯源到亚里士多德时期的人（person）的概念，人是原初性的存在，心、物不过是

① 原初性（primeness）一词源出威廉姆森，他做了许多形式化的讨论，参考 Williamson（2000：65－75）。

人这一原初概念的一体两面。[①] 知觉、行动与知识都是一个完整的人的知觉、行动与知识，当人而非心灵成为知觉、行动与知识的基本载体，三种现象的割裂便被治愈，重新成为完整的属人的现象。

在本书的讨论中，笔者在讨论幻觉论证与彻底怀疑论论证时对好坏情形的区分标准做出了新的阐释，增加能动性之有无作为标准，不再以单一的外部世界情形差异作为标准，并且在对知觉、知识的重构中极力强调能动性的核心作用。这种对能动性的强调，无疑是上述本体论层面将人作为基本载体的具体体现。[②] 因此，**提倡析取式分析**也就成了三种现象统一性解释的第二个共同点。

就第三点而言，无论是知觉、行动还是知识，都体现了我们作为一个能动者与世界的积极的交互。这种交互有两个特点：（1）它是直接的，不依赖于任何意义上的界面；（2）它并不只发生于律则空间之中，同时也发生于理由空间之中。这是本书在三种现象的分析中（尤其是知觉哲学的研究中）特别青睐朴素实在论的原因所在。

在全书的讨论中，一条隐藏的暗线在于当代理性主义传统与自然主义传统之争。自然主义传统（借科学之名）主张在一个祛魅的世界中，所有的知觉、行动与知识都是基于物理事实的存在，没有所谓的能动者/人的位置。理性主义传统（借哲学之名）则主张事实与规范的二分，主张科学只解释了三种现象在律则空间的运作，却未能解释三者在理由空间的运作。就笔者的行文而言，显然更倾向于理性主义传统（这体现为接受麦克道尔对人格、亚人格层面解释的扩展），但同时笔者亦强调要尊重科学的研究成果（这体现为在亚人格层面接受屏蔽原则），最佳策略是在两者间实现一种良性的反思平衡，而平衡点就在于我们的常识。

在笔者看来，朴素实在论除去继承了直接实在论的优点之外，

---

① 这一观点的当代阐发可参考 P. F. Strawson（1959/2003：98－103）。斯特劳森主张人是一种先在于意识的存在。

② 这同时也说明了笔者为何主张“行动优先”，它是指对知觉与知识的理解都应当基于行动来进行。在笔者看来，行动能力相较于思辨能力更能体现人的重要性。

另一个独特优势在于非常符合我们平和的常识。当你伸出右手敲了敲桌子，发出清脆的声音，于是你知道眼前有一张桌子。长久以来人格层面解释的常识之“朴素”被讥为哲学上的天真与科学上的幼稚，而在笔者看来它却恰好实现了理性主义传统与自然主义传统的平衡。

无论是科学还是哲学，其本质都服务于常识，而非凌驾于常识之上。**科学批判地塑造常识，哲学批判地辩护常识**，但两者最终在平和的常识之上实现了良性的平衡。笔者这一观点可能会遭受相当大的质疑，因为无论是科学还是哲学，似乎都不那么在意常识。在科学知识面前，似乎常识充满各种各样的谬误；在哲学思辨面前，似乎常识充满各种未经反思的偏见。笔者当然承认常识存在诸多不足，但这并不意味着我们就可以因此轻视常识，因为在笔者的理解中，常识是一个动态平衡、不断发展的知识集合，同时更是我们稳定的生活形式的基础。在一定的时间尺度中，科学研究帮助我们增进对世界的理解，批判我们对世界的旧有认知，但科学知识最终的成功体现为成为新的常识，此所谓科学批判地塑造常识。而在日常生活与哲学讨论中，尽管我们应当尊重科学，但我们日常生活的稳定性同样重要。哲学不应当成为科学的附庸，更不应借科学之名构建烦琐的反常识的理论，相反它应当致力于弥合常识与科学的隔阂。哲学思辨地反思常识，但最终仍然要回归而非背离常识，此所谓哲学批判地辩护常识。[①] 因此，**坚守人的独特位置，回归平和的常识**就成为三种现象统一性解释的第三个特点。

综合上述讨论，在笔者看来，尽管全书的研究以知觉经验与知觉知识为核心，但毫无疑问最终形成了一种行动优先的关于知觉、行动与知识的统一解释，它对三种现象的解释**拒斥合取式分析，提倡析取式分析，坚守人的独特位置，主张回归平和的常识**。

① 关于科学、哲学与常识三者之间的关系，可参考 Kelly（2008：53－78）。中文讨论可参考陈嘉映（2007/2018）；张志林（2012/2020）。

第二节　理论的可拓展性

笔者在本书中尝试构造了基于行动的新朴素实在论与新知识论析取主义，这两种理论自然是有其特定的问题背景，它们都尝试回应当代朴素实在论—析取主义面临的各种难题。但正如本章第一节所表明的，本书的讨论尽管以上述问题为线索，但在很多时候又具有发散性，整个以行动为基础重构知觉经验与知觉知识的尝试也超出了朴素实在论—析取主义的问题域。这意味着本书的核心主张可能有更为广泛的应用场景，本节即尝试对这种理论可拓展性作简单的展示。

笔者在第四章进行关于知觉知识的讨论时，已经多次表明基于行动的新知识论析取主义与德性知识论的关联性，这里笔者将通过知识价值问题来具体说明本书核心主张如何推进相关讨论。

一　知识的价值问题

知识的本质问题与价值问题，是知识论研究的两个核心问题，前者一直居于研究的中心；后者却是在近些年随着德性知识论的兴起才重新进入人们的视线。从柏拉图的《美诺》篇开始，哲学家们便开始关注：为什么知识比真信念更有价值？（Plato，2002：58－92）这一问题在当代知识论研究中重新被严肃对待开始于淹没难题（the swamping problem）的提出，这也是知识价值问题的核心所在。

淹没难题最流行的版本是咖啡机论证，论述如下：我们面前有两杯咖啡，它们都很甘甜味美，只看这两杯咖啡你无法分出谁好谁坏。然而两者又存在不同，咖啡 A 是由一台质量很好的咖啡机做出来的，这台咖啡机几乎总是能做出很好的咖啡；而咖啡 B 则是由一台质量很差的咖啡机做出来的，通常情况下这台咖啡机做出来的咖啡都很难喝，但是这一次碰巧做出了一杯很棒的咖啡。现在问题是：我们能够说由好咖啡机做出来的咖啡 A 就比坏咖啡机做出来的咖啡 B 好吗？直觉上似乎不能，因为两杯咖啡味道上同样香醇，不可分辨。如果我们享有这一直觉，那么同理，回到知识与真信念，如果两者的区别只在于前者产生于可靠的信念形成机制（一如好咖啡机），后者产生于不那么可靠的信念形成机制（一如坏咖啡机），我们似乎没有理由认为前者比后者更有价值，因为形成机制的价值就像咖啡机的价值一样，会被真的价值（一如咖啡的美味）无情地淹没掉。一旦咖啡喝在嘴里，谁还会在乎它是由什么咖啡机做出来的呢？

这一难题最开始被认为仅针对过程可靠论（process reliablism），但经过扎格兹布斯基（Linda Zagzebski）细致的表述与阐释，它不再仅仅对过程可靠主义构成威胁，对某些内在论或主体可靠论（agent reliablism）同样构成威胁，具有很强的普适性。（Zagzebski，2003/2012：151 -169）这使得我们不禁思考，或许淹没难题并不是针对某一特定理论构成挑战，它可能揭示了我们在思考价值问题时存在的结构性问题。

在笔者看来，淹没难题背后的核心在于两个问题：（1）真理价值一元论是否为真；（2）独立于真的价值是否可以被适切地赋予知识。问题一关注的是知识价值的来源问题，即知识论讨论中是否存在独立于真的价值来源。问题二关注的是知识价值的传递问题，即倘若存在独立于真的价值来源，那么这种价值是否能够在传递给知识的时候不被真的价值所淹没。多数围绕淹没难题的讨论关注问题一，却忽视了问题二。（参考陈仕伟，2018：128 -129）笔者在下文的简要讨论中即围绕这两个问题来检验德性知识论的两种既有解决方案，同时论述自己如何推进了这一讨论。

二　德性知识论的两种解决方案

德性知识论依据不同的进路，对知识价值问题的解决方案一般分为两种：一种是德性可靠论的回应；另一种是德性责任论的回应。鉴于这里的目标只是说明笔者本书的理论是否能够推进该问题的解决，因此对两种既有回应方案笔者只提结论并进行点评，而不涉及它们各自的论证细节以及两者之间的争论。

德性可靠论以索萨（2007，2010，2015）与格雷克（2010）为代表，在第四章已经有所涉及，其基本主张为知识是认知者通过适切地完成相应的认知活动而获得的认知成就，而所谓的适切性体现为认知成就展现了认知者的认知能力。[①] 这里的认知能力就是德性可靠论者理解的智识德性（intellectual virtue），是一些能够可靠地产生真信念的稳定倾向（stable dispositions），例如认知技能、官能等。与过程可靠论类似的是，德性可靠论也强调了智识德性的可靠性，不同之处只是可靠性的载体发生变化，从过程（process）变为主体（agent），所以又称为主体可靠论。[②] 既如此，尽管德性可靠论可能在问题一上可以否认真理价值一元论，但是在问题二上却容易陷入与过程可靠论相同的境地。毕竟，将咖啡机论证中的咖啡机更换为咖啡师，并不影响论证的效力。

德性责任论以扎格兹布斯基（1996）与贝尔（Jason Baehr，2011）为代表，其基本主张的结构其实与德性可靠论类似，都强调认知行动展现了相应的认知德性。不同之处在于，德性责任论对智识德性的理解明显不同于德性可靠论，它不是某些可靠的稳定倾向，而是人在认知中展现的各种品格性格（character traits），例如认真、开放的心态、智识上的谦逊等。这些品格性格的特点在于他们是人格层面的特征，且能动者（agent）对于这些品格在认知活动中的展现有一种把控，并对之负责。这与德性可靠论形成了较为鲜明的对比，同时也让它在知识价值问题上给出不同的答案。以扎格兹布斯基为例，她认为淹没难题揭示的深刻问题在于我们不能用一种机器

① 这里的表述和第四章略不同，因为这里不局限于知觉知识。

② 这里“agent”译为“主体”而非“能动者”，是因为德性可靠论的主体并不如德性责任论所强调的那样，需要对自己认知德性的展现在人格层面有某种把控，并且为之负责；德性可靠论的“智识德性”某种意义上可以是亚人格的。这在笔者看来，够不上一个能动者的标准，故译为“主体”。

—产品的模型来理解知识价值的传递（这是各种版本的可靠论者失败之通病），而应用动机—行动的模型来理解知识价值的传递（这是她主张德性责任论所应采用的模型）。行动之价值不仅得自行动之结果，更得自其动机之高尚，同理，知识之价值不仅得自最终的结果（为真），更得自认知动机之高尚。①

这里德性责任论无疑在问题二的处理上更胜一筹，它很好地避免了淹没问题。但是在问题一上，它似乎走得有些太远了。扎格兹布斯基的基本想法是超出知识论的范畴去寻求价值的来源："知识是重要的，因为它与道德价值乃至更广泛的好的生活的价值紧密地联系在一起。认知价值不太可能在任何有趣的意义上是自足的（autonomous）。"（Zagzebski，2012：165）在她看来，人类在认知活动中广泛地分享了相同的认知动机，这种认知动机与人类的整体性繁荣紧密联系在一起。德性责任论过于依赖伦理学资源的做法自然招致德性可靠论者的反击批评，他们认为这样的做法侵害了知识论作为一门规范性学科的自主性。

三 第三种方案：人格论

鉴于上述两种既有方案都存在各自的缺陷，笔者主张在知识价值问题上发展一种不同于以上理论的人格论（Personalism）。② 总体

① 这里的类比是将伦理学中的义务论对应了德性责任论，而将功利主义对应了各种版本的可靠主义。笔者赞赏这种从伦理学借用资源的行为，但同时也主张应当审慎地考量类比的恰当性，例如在认知活动中我们是否始终持有某种认知动机仍值得商榷。

② 值得注意的是，这一名称已得到使用。近年来 Heather Battlay 与 Michael Slote 主张一种有别于德性责任论与德性可靠论的人格论（Personalism），并认为这是德性知识论的第三种进路且综合了前两者的优势。笔者在上文中并未加以讨论的原因在于笔者并不认为他们提供了真正有新意的讨论，特别是它一方面坚持德性责任论的主张，即智识德性应当被理解为某种人格层面的品质；另一方面却又放弃更核心的感知者应当对自己当下的德性运作有某种把控，这让它看起来非常怪异。参考 Battaly（2016，2019）；Battaly and Slote（2016）；Slote and Battaly（2018）。笔者提出的人格论尽管也是在立足于德性责任论的同时吸收德性可靠论的优点，但与 Battaly 与 Slote 的人格论很不一样，个人觉得这个名称更适合自己的理论。

而言，人格论在知识价值问题上的立场接近于德性责任论，即坚持知识的价值体现于认知者在认知活动中有意识地展现了某种独特的认知品格，这种认知品格是人格层面的特质，且这种展现为能动者所把控。但同时人格论又接受德性可靠论的批评，即不认为我们需要将知识价值的来源扩展至伦理学等更广泛的价值哲学领域，因为这会失去知识论作为一门独立的规范性学科的价值独立性。笔者主张的人格论建基于本书从人格层面对知觉知识（可扩充到更一般的知识）的一系列重新建构。

更具体而言，相较于扎格兹布斯基的方案，人格论最大的变化在于不将赋予认知行动价值的因素局限于行动的动机，同时也不将行动的动机与伦理学乃至更广泛的价值哲学捆绑。扎格兹布斯基之所以选择认知动机作为独特价值的来源，是因为其总体策略是借鉴伦理学中义务论的洞见，在其行文中甚至存在将知识论变为伦理学之分支的倾向。但笔者在本书中对认知行动（以知觉行动为例）的分析却并不涉及任何伦理学考量。在笔者看来，将认知从单一的被动接受模型转换为主动的行动模型，本身就极大地扩展了对知识价值进行解释的空间。行动的构成部分不仅仅局限于行动的动机，这意味着其他构成部分的价值同样可以回避淹没难题而顺利传递给行动本身，因为构成性关系不同于机器—产品模型中展现的因果关系。（陈仕伟，2018：131）行动的动机当然也不必然是出于广义的伦理学考量，而仍然可以是知识论意义上的考量。值得注意的是，真理价值一元论的拥趸可能辩称认知行动的动机如果仍然限定在知识论的范畴之内，那么它就只可能是求真，如此似乎就又回到了淹没难题的框架之中。笔者对此的回应是，认知行动的动机可能的确多数情况下是求真，但是这并不意味着作为认知行动其他构成性部分（例如能动者受到的理性的规范性制约、能动者在行动中展现的认知品格）的独特价值仍然能够被求真动机之价值所淹没，因为对行动的规范性评价是整体性的，显然不局限于其动机（本书中对行动的考察并不预设义务论立场）。

因此，综合上述讨论，人格论似乎是一种更好的解决方案，它通过改良德性责任论，推进了知识价值问题的讨论。

然而让我们在这里先暂时撇开对人格论本身的评价，而回归本节讨论主旨。通过这一段略显离题的关于知识价值的讨论，相信笔者已经有力展示了本书基于行动重解知觉与知识，进而构建的“行动优先”的统一解释具有强大的理论拓展能力。这种拓展性并非出于本书提出了更多新奇的概念，而在于本书从根本上转换了讨论的本体论基础。从以**心灵状态**作为讨论知觉、知识的本体论基底，转向以**行动**作为讨论知觉、知识的本体论基底，这一“行动转向”无疑在各个面向上都极大地丰富了我们可以加以利用的解释资源，拓展了我们的解释空间。

第三节　可能的反驳

在结束关于理论拓展性的讨论后，本节考察两个可能存在的对本书核心主张的反驳：一是对知觉能动性的本体论地位提出疑问；二是对实践知识被纳入知觉知识的合法性提出疑问。在笔者看来，两个问题虽然分别针对第三章（形而上学问题）与第四章（知识论问题），但其实反映了一个共同的担忧，即对本书核心论题“知觉本质上是一种具身的有意行动”感到忧虑。笔者将在第四节对这两个反驳分别予以回应。

一　反驳一：“幽灵”般的能动性

在第三章中，笔者在构建基于行动的新朴素实在论时，核心论证在于强调知觉的本质是一种具身的有意行动，而这种行动的核心又在于它是感知者（行动者）能动性的体现。这也成为真实知觉与幻觉的核心区分点：真实知觉是体现了能动性的成功行动，而幻觉只是缺乏能动性的失败事件。

在运用该理论回应现象—幻觉论证时，笔者强调该理论保留了在真实知觉与幻觉情形中感知者的主观现象感受不可分辨的直觉，理由是能动性的展现不同于一般的心灵状态，并不是 S 处于某种心灵状态之中，S 的行为就附魅般地具有了能动性。恰恰相反，能动性是展现于感知者（行动者）的行动之中，具有公共可观察性和社会维度的规范性。所以如果将主观现象感受理解为一种心灵状态或心理感受，那么基于行动的新朴素实在论完全可以承认两种情形中感知者的主观现象感受不可分辨，因为这并不影响两者的行为在能动性上存在差异，这同时也为给幻觉提供积极的解释留出了空间。

在运用该理论回应因果—幻觉论证时，笔者强调该理论保留了真实知觉与幻觉近端因果匹配的直觉，理由是能动性的展现是一种人格层面的因果解释，而因果—幻觉论证中的近端因果匹配是一种亚人格层面的因果描述。笔者虽然强调人格层面的因果性分析同样应当被纳入知觉的因果解释框架之中，但并不认为人格层面的因果属性与亚人格层面的实现机制之间存在某种等同或随附关系。因此，尽管真实知觉与幻觉的确可能在脑神经实现机制上近端因果匹配（这个结论本身还有待经验科学研究的进一步证据发现，当下尚无定论），但这并不妨碍人格层面两者存在因果性差异。真实知觉中感知者的行动本身即知觉经验的原因之一（甚至是根本原因），而幻觉则没有。

如果上述回应策略是合理的，那么有人可能会质疑：你所说的能动性究竟是什么？其本体论地位究竟如何？一方面，如果它不同于一般的心灵状态或心理感受，那么它似乎不属于心灵的范畴；另一方面，如果它又与物理层面的神经实现机制不存在等同或随附关系，那么它似乎又不属于物理的范畴。既如此，它似乎就像是一个“幽灵”（ghost）一样游荡于心灵与世界之间，似乎只是一个为了解释真实知觉与幻觉的差异、行动与仅发生的事件的差异而制造出来的特设性条件，其自身的合法性是存在疑问的。

二　反驳二：实践知识被引入知觉知识的合法性问题

在第四章中，笔者在构建基于行动的新知识论析取主义时，核心论证在于强调知觉知识是关于自身知觉行动的实践知识与关于外部世界事实的思辨知识的有机结合。这种对知觉知识的重新解读无疑会招致相当程度的质疑，它体现在两个维度：一是质疑必要性，二是质疑正当性。

首先是质疑必要性。长久以来，我们对知觉知识的理解根深蒂固，它就是人们思辨能力的一种运作产物，是典型的思辨知识。实践知识是关涉、指导人类实践活动的知识，与思辨知识存在认知对象、认知方式等诸多方面的不同。既如此，笔者在一个原本有着完善理解的知觉知识概念中强行插入实践知识是否确有必要？

其次是质疑正当性，这可能是更根本的质疑。笔者在第四章第二节的讨论中已经暗示了一些问题的线索，这里更清晰地总结为如下几个子问题：

（1）知觉知识本质上关涉外部世界事实，而实践知识关涉感知者自身的行动，两者的认知对象存在差异，既如此，实践知识如何能够成为知觉知识之构成性部分？

（2）知觉知识通常是通过各种感官观察外部世界环境获得，而实践知识是一种“从里面”获得的知识，是一种非观察知识，既如此，两者如何融合？

（3）知觉知识的真值判定通常取决于是否与外部世界事实相符合，而实践知识的“真值判定”未必与外部世界事实相关，既如此，实践知识的加入是否会影响知觉知识的真值判定？

（4）笔者强调实践知识部分地起到辩护作用，但基于上述几点不同，这种辩护作用如何实现？

以上问题事实上在第四章笔者已经给出自己的答案，只是限于行文连贯性与篇章结构的考量而未及详细展开。这些问题的核心涉及如何理解实践知识，也涉及如何理解知觉知识，背后也有形而上学层面对知觉—行动关系问题的思考。笔者会在第四节回应以上诸问题时给出更细致的说明。

第四节　可能的回应

本节笔者将尝试对第三节的两个反驳做出回应：回应一的要点在于“幽灵”诞生于对知觉经验割裂的思考，而能动性体现于属人的完整的知觉经验；回应二的要点在于对实践知识作为一种“特殊的第一人称知识”作更详细的阐发，以说明实践知识何以能够适切地融入知觉知识之中。笔者希望这两个回应能够舒缓读者对于“知觉本质上是一种具身的有意行动”这一核心命题的焦虑感。

一　回应一：没有“幽灵”但有“灵魂”

关于能动性之形而上学解释的讨论一直以来都是行动哲学中的重要课题，至今尚无定论，强如戴维森也坦然承认，“提供一个对于能动性的解释的诉求并未得到满足”①。坦率地讲，笔者并不认为自己能够完美地解决这一问题，但就本书的行文目的而言，笔者认为将能动性作为区分行动与仅发生的事件（进而拓展到区分知觉与纯粹的幻觉、知识与仅为真的信念）的标志并无不妥，因为这一概念抓住了这些不同对比中最核心同时也是最低限度的共通性差异：人类主动的活动与被动的接受之间的差异。笔者这里并不准备给出一个完整的关于能动性的形上学解释，但希望通过对当前讨论的一些回顾，强调我所理解的能动性的一些特点，以缓解反驳一中对能动性本体论地位的焦虑。

---

①　参考 Davidson（1980：xiii）。引文是戴维森自己对其“Agency”（1971）一文的评价，在该文集第 129 页一个对齐硕姆的回应中他再次强调“如果问题是用其他概念来分析能动性概念，那么我不确定它是否能被完成。为什么它必须是可能的呢？”这似乎进一步表明在戴维森看来，能动性概念本身就是一个基础概念。

在笔者看来，反驳一中的担忧显然仍是在心物二分的笛卡尔式图景中产生的，问题稍加转化，其实就是心灵哲学中的自由意志与决定论的争论。能动性本质上是我们自由意志的体现，而在这个被科学描述为物理运作空间的世界中如何安放我们的自由意志，如今已成为一个宏大而棘手的问题。具体而言，反驳一中的“幽灵”诞生于两个维度的生存空间的压迫：一方面，反还原论立场主张能动性不能还原为脑神经层面的实现机制，这似乎让能动性无法存在于物理世界中；另一方面，反心理主义立场主张能动性与一般的心灵状态也应当做出区分，这似乎又让能动性无法存在于心灵世界中。两相逼迫，似乎必然会导向反驳一中所说的“幽灵”的诞生。然而问题的解答或许就蕴含在问题自身之中，正如本章第一节的分析，或许心灵—世界的二分法本身就是有问题的。

再次审视第三章对能动性的讨论。笔者对能动性的理解之一是它不是一个亚人格层面的属性，这主要来自对丹尼特做出的区分（包括麦克道尔的发展，参考第二章“对‘近端因果匹配’的辨析”）的反思。人体的某一部分，或者说人的脑神经活动本身并不具有能动性，任何对大脑神经活动或模型的能动性归赋都只是在比喻意义上进行的，都会陷入“侏儒谬误”的陷阱。笔者对能动性的理解之二是它不是一个内在的心灵属性，这主要来自对安斯康姆反对意图的内在化理解的反思，并将其延伸到对知觉的思考上。在知觉与行动中不存在纯粹内在的心灵状态，不存在笛卡尔意义上的内心剧场，我们的意志和意图都体现在知觉与行动之中。知觉与行动本身都是原初性的，它们一体两面地展现了心灵面向的能动性和世界面向的确定性。笔者非常赞同安斯康姆对意图的反内在化解读，同时这也启示我们反思传统的心灵概念。在传统的笛卡尔式心灵剧场模式下，心灵状态被理解为完全内在的、主体具有绝对权威的存在。而安斯康姆的工作打破了这两点，在知觉和行动中所展现的能动性，虽然它也是心灵的，但是这种心灵的存在既不是完全内在的，也不是完全的第一人称权威。

基于上述两种否定性理解，一个可能的对能动性的正面理解是：能动性是人之为人的本质属性，是对感知者/行动者/认知者自身的规定性。只要是人作为主体的、属人的知觉或行动，就应当是能动性的运作。人存在于物理世界之中，人同时也有心灵的面向，但人本质上不能还原为心灵或世界中的实在，甚至也不是心灵与肉体的混合物，他应该是一个自成一格的原初的个体，而能动性正是其存在的根本特征。

所以，“幽灵”既可能诞生于机械的世界，亦可能诞生于封闭的心灵，但活生生的人不是“幽灵”，他拥有的是健硕的灵魂（robust soul）。

二　回应二：再论“特殊的第一人称知识”

第四章对知觉知识的重新解读无疑是大胆的，相应地招致非议无可厚非。但在笔者看来，当我们对实践知识作为一种“特殊的第一人称知识”有了更透彻的把握时，反驳二中的种种疑问便都可以得到良好的解释。笔者将先简单地回应对必要性的质疑，而将重点放在回应对正当性的质疑。

在笔者看来，当本书完成第三章的形而上学讨论时，已经回应了有关必要性的质疑。传统知识论中将知觉知识理解为一种思辨知识，这是因为相应的关于知觉经验的形而上学预设是一种心灵状态，而当我们尝试着将知觉经验视作一种具身的有意行动时，我们自然相应地需要扩展关于知觉知识的理解。传统的基于思辨知识的理解已经无法解释所有知觉经验的认知特征，特别是在一个知觉行动中所展现出来的能动者对自身认知行动的把控。因此，将实践知识纳入关于知觉知识的讨论，其必要性正体现在知识论中对知觉知识的讨论需要适应形而上学层面知觉经验概念的改变。

知觉经验的形而上学讨论不仅决定了相应知觉知识概念需要将实践知识纳入讨论，同时它也为如何将实践知识纳入知觉知识提供了讨论的语境。换言之，回应反驳二中的正当性质疑，同样离不开知觉经验作为一种具身的有意行动的讨论语境。

笔者在第四章第二节对实践知识的讨论选取了三个问题进行展开，分别是实践知识作为一种“特殊的第一人称知识”如何理解，实践知识的“真值条件”如何判定，以及实践知识作为“其所理解对象的肇因”应当如何解读。其中，第一个问题又统摄了三个问题的回答，因此笔者将着重对“特殊的第一人称知识”作更进一步的阐明。

第一人称知识亦即自我知识（self-knowledge），一般是指关于某人自己的心智状态的知识，例如，关于某人自己当下的经验、思想、信念或愿望的知识。[①] 这种知识自身便迥异于以外部世界事实为对象的第三人称知识，例如知识论上它可能是通过某种特殊的方式获知，可以是特别可靠确定的；甚至它还可以具有某种非知识论意义上的特殊性，例如，自我知识只能由自己创造且主体对它具有独特的权威。[②] 关于自我知识的独特性及其考察有着大量的文献，笔者这里不作进一步深究。[③] 笔者有意选用“第一人称知识”而非“自我知识”的初衷即避免陷入更复杂的关于自我知识的讨论，而只取“第一人称”这一基本无争议的关于自我知识的表述，它意味着这种知识是从主体视角而言具有某种把控的。

笔者加诸“第一人称知识”之前的限定语“特殊的”，并非指上述自我知识的特殊性，而是实践知识作为关于自我行动的知识，有别于其他关于自我心灵状态的第一人称知识的特殊性。这种特殊性具体体现为其内容可以与关于同一对象的第三人称知识具有一致性，能够具有这种一致性的原因无疑在于行动既是能动者主动做出的行动，同时也是客观发生于世界之中的行动。

麦克道尔对这一点有着清晰的把握，他曾经强调关于意图内容

---

① 参考布瑞·格特勒（2013：2）。

② 布瑞·格特勒（2013：72－84）。

③ 关于自我知识的近期综述性讨论可参考 Annalisa Coliva（2016）。

的陈述应当是事实性的，而非是规范性的，即对行动中的意图内容的表达就是对正在进行的行动的事实描述（fact-stating），其恰当的形式为“I am doing such-and-such”（McDowell，2010b：415）。戴维森持相反的观点，认为单纯的事实描述不足以表达意图，其中应当涉及规范性或评价性描述，即无论是对行动中还是对指向未来的意图的恰当表达都应当是“doing such-and-such is all-out desirable”（Davidson，1980：101）。在笔者看来，两人的分歧对于理解实践知识的特殊性有着很好的启发作用，两种迥异的理解体现了两种不同的对安斯康姆的解读。

在麦克道尔看来，安斯康姆“行即所是”（I do *what happens*）的口号不能遗忘，它是说行动者对自身行动的主体性知识（agentive knowledge of *action*）与对相应的发生事件的观察性知识（observational knowledge of *happening*）内容上是一致的。换言之，即关于行动的实践知识与相应发生事件中关于行动者部分的观察知识具有一致性。这一口号背后的核心要义是反对将关涉意图的知识内在化（interiorize what is known in intention）。安斯康姆对实践知识进行考察的首要动机是将那个被传统哲学认为是私人性的、内在化的意图拉出来。意图是展现于行动之中的，是可以被看见的。当你要去了解一个人行动的意图时，你去看他在做什么就好了。这也契合了麦克道尔的口号“意图无公开的行动是无用的”，意图只有展现于行动之中才是有价值的。反内在化背后更深的想法是反对笛卡尔式的心物二分的世界图景，这可以说是麦克道尔和安斯康姆共享的理论诉求。在此理解之下，似乎就不难理解为何从第一人称视角出发的实践知识同第三人称视角的观察性知识内容上可以是一致的。因此，对行动意图的表述，亦即对实践知识的表述应当是对当下行动者的行动的事实性描述。规范性描述（对特定行动的可欲求性的表述）无法达成这种第一人称视角和第三人称视角的一致，从而无法实现意图的去内在化表达。

但如果戴维森不是完全没读懂安斯康姆，那么究竟是哪里让戴维森认为这种表达应当是规范性的呢？笔者认为这里的原因可能是在购物清单案例中，将意图与命令进行比较，使我们产生了一种不必要的混淆。命令之于行动，错在行动；记录之于事件，错在记录。这是因为命令之于行动具有规范性，而事件（这里对记录员而言相当于事实）之于记录具有规范性。但关键问题就在于实践知识是否等同于能动者对自己所下的命令。在进入购物清单案例的讨论之前，安斯康姆特别强调了“我们说那个行动者的描述是知识（the *agent's decription* is a piece of knowledge），但是一个命令不是知识（*an order* is not a piece of knowledge）”（Anscombe，2000：55）。这里安斯康姆明确地表明了命令不是知识，所以我们在接受两者的相似性的同时，也要注意把握两者的差异性。这种差异性可以体现为，命令具有绝对的第一人称权威，而实践知识只能拥有相对的第一人称权威，即我们并不能轻易丢掉实践知识（意图表达）的去内在化要求。实践知识并不是一种独特的可笑的知识，其成其为知识，就必须具有某种意义上的公共可通达性。①

上述基于两种不同解读的讨论，相信能够更清晰地阐明笔者所理解的实践知识的特殊性何在。基于此，第四章对实践知识的“真值判定”的解读，以及对实践知识作为肇因（既是原因又是理由）的解读也将更加具有说服力，笔者不再一一赘述。

回到反驳二中的问题：对子问题（1）的回应基于我们对知觉经验进行重新解读，当知觉经验作为一种知觉行动而存在时，没有实践知识，就没有相应的知觉活动，也就没有相应的知觉知识；对子问题（2）的回应基于上述对实践知识特殊性的理解，它并不是一种私人性的知识，同时还应注意，尽管实践知识与思辨知识共同构成知觉知识，但这并不意味着完全取消实践知识与思辨知识的区分；子问题（3）和（4）分别对应了实践知识的“真值判定”之新解与

---

① 上述分析也正是笔者尽管认同徐竹（2020）文章中对麦克道尔析取论的反驳，却不认同他回到命令类比去理解实践知识真值判定的原因。

实践知识作为肇因之新解，笔者这里的工作只是让两种新解更具合理性，具体的回应可以参考第四章第二节的相关讨论。

综上，尽管笔者对知觉知识的理解与传统知识论不太一样，但其必要性与正当性都得到了详尽合理的说明。思辨传统中对知觉知识的理解将人们陷于封闭心灵的桎梏之中，而实践知识的加入让长久以来心灵与世界之间的隔阂被打破，人们得以能够自信地宣称“这里有一张桌子”。

本章小结

本章是对全书讨论的反思性总结。

首先，通过三条线索（拒斥合取分析，提倡析取分析，坚守人的独特位置、回归平和常识）将全书关于知觉、行动与知识的讨论串联起来，形成一种“行动优先”的统一解释。

其次，考察了上述统一解释的理论可拓展性，具体以知识价值问题为核心展开。笔者主张，基于本书讨论，可以形成一种有别于德性可靠论与德性责任论的人格论，从而推进关于知识价值问题的讨论。

最后，批判性地提出两个关于本书核心论点的可能反驳，一是知觉能动性的本体论地位是否存疑；二是将实践知识引入知觉知识是否合法。笔者通过对相关核心概念的进一步阐释对上述反驳做出回应，缓解了对本书核心论点可能存在的焦虑。

全书关于知觉、行动与知识的考察至此结束，但只要人还生活在这个真实的世界之中，那么对问题的思考就将永不停歇，对未知的探索将永无止境，对世界的感知将永远继续。

结　语

重拾直面风车的勇气与信心

全书的哲学讨论在第五章已然结束，那里我已经对全书作了梳理与总结，因此结语似无必要。然而当回看全书时，笔者却总觉得在分析风格的讨论之外，对行文的初心仍有不明未尽之处，是以有此结语。

笔者最开始关注的其实并非知觉的形而上学研究，而是知识价值问题。本科期间我曾赴台湾东吴大学哲学系交流，参加了米建国老师的研讨课《德性知识论》，获益匪浅。之后本科论文即以知识价值问题为主题，对德性知识论的相关讨论进行了梳理。硕士期间我转向对知识论析取主义的研究，但越往深挖，越觉得当下知识论领域对知觉知识的讨论陷入了一种无趣的琐碎之中。因此，在师父张志林教授的指导下，我转向对知觉的形而上学研究，当然这一研究自一开始便带着为知识论问题寻求解答的目的。然而，刚进入知觉的形而上学问题时，那种琐碎与无趣感不减反增。这突出体现为，每当有人问我在做什么研究，我都会敲敲桌子，说我在研究我们何以能够宣称自己看到眼前这张桌子。一般提问人都会用奇怪的眼神看看我，然后摇头走开。这种反应并不奇怪，因为我自己有时也会怀疑这一问题的意义：如果不是因为哲学家过于无聊，何以如此明白的问题竟能成为哲学讨论中经久不衰的议题?

在阅读当前各种知觉理论相互争论的论文时，哲学问题逐渐清晰，但上述困惑却并未消解。直至在美国访学期间，适逢疫情困居家中，于是重新通读了麦克道尔的《心灵与世界》。尽管在本书中我对他的观点仍不尽同意，但必须坦承的是，他让我真正对知觉问题有了全新的理解。这次疫情期间的闭门读书也直接促成了本人博士论文的写作。我长久以来的困惑其实源于一方面本人对健全的常识抱有极大的信任，而另一方面知觉的常识理解又在哲学与科学语境中受到双重夹击。因此困惑不在于知觉现象本身有多复杂，而在于对知觉的常识理解自身何以会成为问题。麦克道尔的启示在于，这是一种哲学病，我们要做的不是陷入无尽且琐碎的争论，而是给出精准的诊断与治疗。笔者对此深以为是，本书便是如此捍卫关于知觉的常识理解的有益尝试。

对行文初心的回顾就此止住，最后不妨以文学中一个有趣的题目作结：你是愿意成为哈姆雷特还是堂吉诃德？面对化为鬼影的父王，哈姆雷特感到犹疑与彷徨，最后困于自己的世界无法自拔；而面对真实的风车，即便堂吉诃德视其为魔鬼，却依然提长枪入场，要么被风车打翻在地，要么便是刺破恶魔的幻影，无论何种结果，他都至少获得了真实。

我亦希望自己能成为堂吉诃德，即便对这个复杂的世界仍抱有疑虑与困惑，但永远不要丢失直面风车的勇气与信心。

参考文献

英文文献

Anscombe, G. E. M. (1963), *Intention* (*second edition*), Harvard University Press, 2000.

Anscombe, G. E. M. (1965), "The Intentionality of Sensation: A Grammatical Feature", *Collected Philosophical Papers II*: *Metaphysics and the Philosophy of Mind.* Basil Blackwell Oxford, 1981.

Armstrong, D. M., *Perception and the Physical World*, London: Routledge & Kegan Paul, 1961.

Austin, J. L., *Sense and Sensibilia*, Oxford University Press, 1962.

Baehr, J., *The Inquiring Mind*: *On Intellectual Virtues and Virtue Epistemology*, Oxford University Press, 2011.

Battaly, H. (2008/2012), "Virtue Epistemology", *Philosophy Compass*, 2008, 3 (4) reprinted in *Virtue Epistemology*: *Contemporary Readings*, Greco, J. and Turri, J. (eds.), MIT Press, 2012.

Battaly, H., "Epistemic Virtue and Vice: Reliabilism, Responsibilism, and Personalism", in Mi, M., Slote, M. and Sosa, E. (eds.), *Moral and Intellectual Virtues in Western and Chinese Philosophy*, New York: Routledge, 2016.

Battaly, H. and Slote, M., "Virtue Epistemology and Virtue Ethics", in Besser-Jones, L. and Slote, M. (eds.), *The Routledge Companion to Virtue Ethics*, New York: Routledge, 2016.

Battaly, H. , "A Third Kind of Intellectual Virtue: Personalism", in Battaly, H. (edit), *The Routledge Handbook of Virtue Epistemology*, Routledge Press, 2019.

Berendzen, J. C. , "Disjunctivism and Perceptual Knowledge in Merleau-Ponty and McDowell", *Res Philosophica*, 2014, 91 (3) .

Berkeley, G. , *Berkeley: Philosophical Writings*, Clarke, D. M. , edit, Cambridge University Press, 2009.

Block, N. , "Inverted Earth", *Philosophical Perspectives*, 1990 (4) .

Block, N. , "On a confusion about a function of consciousness", *Brain and Behavioral Sciences*, 1995, 18 (2) .

Brentano, F. , *Psychology from an Empirical Standpoint*, Routledge Press, 1995.

Brewer, B. , "Perception and Content", *European Journal of Philosophy*, 2006, 14 (2) .

Brewer, B. , *Perception and Its Objects*, Oxford University Press, 2011.

Brogaard, B. (edit), *Does Perception Have Content*? Oxford University Press, 2014.

Burge, T. , "Disjunctivism and Perceptual Psychology", *Philosophical Topics*, 2005, 33 (1) .

Burge, T. , "Disjunctivism Again", *Philosophical Explorations*, 2011, 14 (1) .

Byrne, A. , "Intentionalism Defended", *Philosophical Review*, 2001, 110 (2) .

Byrne, A. and Logue, H. , "Either/Or", in Haddock, A. and Macpherson, F. (eds.), *Disjunctivism: Perception, Action, Knowledge*, Oxford University Press, 2008.

Campbell, J. , *Reference and Consciousness*, Oxford University Press, 2002.

Campbell, J. , "Demonstrative Reference, the Relational View of Experience, and the Proximality Principle", in Robin Jeshion (ed.), *New Essays on Singular Thought*, Oxford University Press, 2010.

Campbell, M., O'sullivan, M. (eds.), *Wittgenstein and Perception*, Routledge Press, 2015.

Carruthers, P., *Phenomenal Consciousness: A Naturalistic Theory*, Cambridge University Press, 2000.

Carruthers, P., *The Centered Mind*, Oxford University Press, 2015.

Cassam, Q., "Ways of Knowing", *Proceedings of the Aristotelian Society*, 2007, 107 (Issue 1, part 3).

Chalmers, D., "Perception and the Fall from Eden", in T. S. Gendler, J. Hawthorne (eds.), *Perceptual Experience*, Oxford University Press, 2006.

Clark, A., *Surfing Uncertainty: Prediction, Action and the Embodied Mind*, Oxford University Press, 2016.

Clark, A., "Busting Out: Predictive Brains, Embodied Minds, and the Puzzle of the Evidentiary Veil", *Noûs*, 2017, 51 (4).

Coliva, A., *The Varieties of Self-Knowledge*, Palgrave Macmillan Press, 2016.

Conant, J., "Two Varieties of Skepticism", in Abel, G. and Conant, J. (eds.), *Rethinking Epistemology* (*Volume II*), De Gruyter, 2012.

Crane, T. and French, C., "The Problem of Perception", *The Stanford Encyclopedia of Philosophy* (Spring 2017 Edition), Edward N. Zalta (ed.), URL = https://plato.stanford.edu/archives/spr2017/entries/perception-problem/.

Cuneo, T., Woudenberg, R. V. (eds.), *The Cambridge Companion to Thomas Reid*, Cambridge University Press, 2004.

Dalgarno, M., Matthews, E. (eds.), *The Philosophy of Thomas Reid*, Dordrecht: Kluwer, 1989.

Dancy, J. (1995/2009), "Arguments from Illusion", *Philosophical*

Quarterly, 1995, 45, reprinted in *Disjunctivism: Contemporary Readings*, Byrne, A. and Logue, H. (eds.), MIT Press, 2009.

Davidson, D. (1963), "Actions, Reasons, and Causes", *Essays on Actions and Events*, Oxford University Press, 1980.

Davidson, D. (1971), "Agency", *Essays on Actions and Events*, Oxford University Press, 1980.

Davidson, D. (1978), "Intending", *Essays on Actions and Events*, Oxford University Press, 1980.

Davidson, D., *Essays on Actions and Events*, Oxford University Press, 1980.

Davidson, D. (1985), "Reply to Vermazen", in Vermazen, B. and Hintikka, M. B. (eds.), *Essays on Davidson: Actions and Events*, Oxford University Press, 1985.

Davies, M., "Perceptual Content and Local Supervenience", *Proceedings of the Aristotelian Society*, 1992, 92 (1).

Dennett, D. C. (1969), *Content and Consciousness*, Routledge Classics, 2010.

Dennett, D. C., *Brain Storms*, Cambridge University Press, 1978.

Djukic, G. and Popescu, V. B., "A Critique of Langsam's 'The Theory of Appearing Defended'", *Philosophical Studies*, 2003 (112).

Dretske, F., *Naturalizing the Mind*, MIT Press, 1995.

Dreyfus, H. L., "Overcoming the Myth of Mental: How Philosophers Can Profit from the Phenomenology of Everyday Experience", *Proceedings and Addresses of the American Philosophical Association*, 2005, 79 (2).

Dreyfus, H. L. Dreyfus, "The Return of the Myth of the Mental", *Inquiry*, 2007a, 50 (4).

Dreyfus, H. L., "Response to McDowell", *Inquiry*, 2007b, 50 (4).

Dreyfus, H. L., "The Myth of the pervasiveness of the Mental", in Schear, J. K. (ed.), *Mind, Reason, and Being-in-the-world: The McDowell-Dreyfus Debate*, Routledge Press, 2013.

Evans, G., *The Varieties of Reference*, Oxford University Press, 1982.

Fish, W., "Disjunctivism, Indistinguishability, and the Nature of Hallucination", in Haddock, A. and Macpherson, F. (eds.), *Disjunctivism: Perception, Action, Knowledge*. Oxford University Press, 2008.

Fish, W., *Perception, Hallucination, and Illusion*, Oxford University Press, 2009.

Fish, W., *Philosophy of Perception: A Contemporary Introduction*, Routledge Taylor & Francis, 2010.

Fodor, J. A., *The Modularity of Mind*, MIT Press, 1983.

Forster, J., *The Case for Idealism*, Routledge Press, 1982.

Forster, J., *A World for Us: The Case for Phenomenalistic Idealism*, Oxford University Press, 2008.

Frankfurt, H. G., "The Problem of Action", *American Philosophical Quarterly*, 1978, 15 (2).

Frey, C. and Frey, J. A. G. E. M., "Anscombe on the Analogical Unity of Intention in Perception and Action", *Analytic Philosophy*, 2017, 58 (3).

Gallagher, S., *Enactivist Interventions: Rethinking the Mind*, Oxford University Press, 2017.

Genone, J., "Recent Work on Naïve Realism", *American Philosophical Quarterly*, 2016, 53 (1).

Gettier, E. L., "Is Justified True Belief Knowledge?" *Analysis*, 1963, 23 (6).

Greco, J., *Achieving Knowledge: A Virtue-Theoretic Account of Epistemic Normativity*, Cambridge University Press, 2010.

Grice, H. P., "The causal theory of perception", in Dancy, J. (ed.),

Aristotelian Society Supplementary Volume, Oxford University Press, 1961.

Hohwy, J., "Functional integration and the mind", *Synthese*, 2007, 159 (3).

Hohwy, J., *The Predictive Mind*, Oxford University Press, 2013.

Hohwy, J., "The Self-Evidencing Brain", *Noûs*, 2016, 50 (2).

Hohwy, J., "How to Entrain Your Evil Demon", in Metzinger and Wiese, W. (eds.), *Philosophy and Predictive Processing*: 2, Frankfurt am Main: MIND Group, 2017.

Hinton, J. M., "Visual Experiences", *Mind*, 1967, 76 (April).

Husserl, E. G. A., *Phenomenological Psychology*, trans., J. Scanlon, The Hague: Martinus Nijhoff, 1977.

Husserl, E. G. A. (1913), *Ideas I, Ideas for a Pure Phenomenology and Phenomenological Philosophy, First Book: General Introduction to Pure Phenomenology*, trans., Dahlstrom, D. O. Indianapolis, IN: Hackett Publishing, 2014.

Husserl, E. G. A. (1912), *Ideas II, Ideas pertaining to a Pure Phenomenology and to a Phenomenological Philosophy, Second Book: Studies in the Phenomenology of Constitution*, trans., Rojcewicz, R. and Schuwer, A., Dordrecht: Kluwer Academic Publishers, 1989.

Johnston, M., "The Obscure Object of Hallucination", *Philosophical Studies*, 2004, 120 (1-3).

Johnston, M., "Better Than Mere Knowledge? The Function of Sensory Aware-ness", in Gendler, T. S., Hawthorne, J. (eds.), *Perceptual Experience*, Oxford University Press, 2006.

Kant, I., *Critique of Pure Reason*, Guyer, P., trans., Cambridge University Press, 1998.

Kelly, T., "Common Sense as Evidence: Against Revisionary Ontology and Skepticism", *Midwest Studies in Philosophy*, 2008 (37).

Kenny, A., "The Homunculus Fallacy", in Grene, M. G. and Prigogine, I. (eds.), *Interpretations of Life and Mind*, New York: Humanities Press, 1971.

Langsam, H., "The Theory of Appearing Defended", *Philosophical Studies*, 1997, 87 (1) reprinted in *Disjunctivism: Contemporary Readings*, Byrne, A. and Logue, H. (eds.), MIT Press, 2009.

Langsam, H., "The Intuitive Case for Naïve Realism", *Philosophical Explorations*, 2017, 20 (1).

Lewis, D., "Veridical Hallucination and Prosthetic Vision", *Australasian Journal of Philosophy*, 1980, 58 (3).

Logue, H., "What Should the Naïve Realist Say About Total Hallucinations", *Philosophical Perspectives*, 2012 (a) (26).

Logue, H., "Why Naïve Realism", *Proceedings of the Aristotelian Society*, 2012 (b) 112 (Issue 2, part 2).

Logue, H., "Good News for the Disjunctivist about the Bad Cases", *Philosophy and Phenomenological Research*, 2013, 86 (1).

Logue, H., "Experiential Content and Naïve Realism: A Reconciliation", in Brogaard, B. (ed.), *Does Perception Have Content*, Oxford University Press, 2014.

Longworth, G., "Settling a Question: Austin and Disjunctivism", in Doyle, C., Milburn, J. and Pritchard, D. (eds.), *New Issues in Epistemological Disjunctivism*. Routledge Press, 2019.

Luper, S., "Epistemic Closure", *The Stanford Encyclopedia of Philosophy* (Summer 2020 Edition), Edward N. Zalta (ed.), URL = https://plato.stanford.edu/archives/sum2020/entries/closure-epistemic/.

Lycan, W. G., *Consciousness and Experience*, MIT Press, 1996.

Marr, D., *Vision*, San Francisco: Freeman, 1982.

Martin, M. G. F., "Setting things before the mind", in O'Hear, A.

(ed.), *Current Issues in Philosophy of Mind*, Cambridge University Press, 1998.

Martin, M. G. F., "The Transparency of Experience", *Mind and Language*, 2002, 17 (4).

Martin, M. G. F., "The Limits of Self-Awareness", *Philosophical Studies*, 2004 (120).

Martin, M. G. F. (2006), "On Being Alienated", in Gendler, T. S., Hawthorne, J. (eds.), *Perceptual Experience*, Oxford University Press, 2006.

McDowell, J. (1982), "Criteria, Defeasibility, and Knowledge", *Meaning, Knowledge, and Reality*, Harvard University Press, 1998.

McDowell, J. (1986), "Singular Thought and the Extent of Inner Space", *Meaning, Knowledge, and Reality*, Harvard University Press, 1998.

McDowell, J. (1995), "Knowledge and the Internal", *Meaning, Knowledge, and Reality*, Harvard University Press, 1998.

McDowell, J. (1996), *Mind and World*, Harvard University Press, 1996.

McDowell, J., "Knowledge and the Internal Revisited", *Philosophy and Phenomenological Research*, 2002 (a), 64 (1).

McDowell, J., "Response to Barry Stroud", in Smith, N. H. (ed.), *Reading McDowell: On Mind and World*, Routledge Press, 2002 (b).

McDowell, J., "What Myth?" *Inquiry*, 2007 (a), 50 (4).

McDowell, J., "Response to Dreyfus", *Inquiry*, 2007(b), 50(4).

McDowell, J. (2008), "The Disjunctive Conception of Experience as Material for a Transcendental Argument", in Haddock, A. and Macpherson, F. (eds.), *Disjunctivism: Perception, Action, Knowledge*, Oxford University Press, 2008.

McDowell, J., "Sellars on Perceptual Experience", *Having the World in*

View: Essays on Kant, Hegel, and Sellars, Harvard University Press, 2009 (a).

McDowell, J., "Avoiding the Myth of the Given", *Having the World in View: Essays on Kant, Hegel, and Sellars*, Harvard University Press, 2009 (b).

McDowell, J., "Tyler Burge on Disjunctivism", *Philosophical Explorations*, 2010 (a), 13 (3).

McDowell, J., "What is the Content of an Intention in Action", *Ratio*, 2010 (b), 23 (4).

McDowell, J., *Perception as a capacity for knowledge*, Marquette University Press, 2011 (a).

McDowell, J., "Anscombe on Bodily Self-Knowledge", in Ford, A., Hornsby, J., Stoutland, F. (eds.), *Essays on Anscombe's Intention*, Harvard University Press, 2011 (b).

McDowell, J., "Tyler Burge on Disjunctivism (II)", *Philosophical Explorations*, 2013 (a), 16 (3).

McDowell, J., "Perceptual Experience: Both Relational and Contentful", *European Journal of Philosophy*, 2013 (b), 21 (1).

McDowell, J., "The Myth of the Mind as Detached", in Schear, J. K. (ed.), *Mind, Reason, and Being-in-the-world: The McDowell-Dreyfus Debate*, Routledge Press, 2013 (c).

McDowell, J., "Putnam on Natural Realism", in Auxier, R. E., Anderson, D. R. and Hahn, L. E. (eds.), *The Philosophy of Hilary Putnam*, Open Court, 2015.

McGinn, C., *The Character of Mind*, Oxford University Press, 1982.

Merleau-Ponty, M. (1945), *Phenomenology of Perception*, trans. Landes, D. A., Routledge Press, 2012.

Metzinger, T. (ed.), *Conscious Experience*, Schoningh: Imprint Academic, 1995.

Miller, A., "Realism", *The Stanford Encyclopedia of Philosophy* (Winter 2019 Edition), Edward N. Zalta (ed.), URL = https://plato.stanford.edu/archives/win2019/entries/realism/.

Moore, G. E., *Philosophical Papers*, Routledge Press, 1959.

Moran, R., "Anscombe on 'Practical Knowledge'", in Hyman, J. and Steward, H. (eds.), *Agency and Action*. Cambridge University Press, 2004.

Moyal-Sharrock, D., *Understanding Wittgenstein's On Certainty*, Palgrave-Macmillan, 2004.

Nagel, T., "What Is It Like to Be a Bat?" *The Philosophical Review*, 1974, 83 (4).

Noë, A., *Action in Perception*, MIT Press, 2004.

Nudds, M., "Recent Work in Perception: Naïve Realism and its Opponents", *Analysis*, 2009, 69 (2).

Papineau, D., "Naturalism", *The Stanford Encyclopedia of Philosophy* (Summer 2020 Edition), Edward N. Zalta (ed.), URL = https://plato.stanford.edu/a-rchives/sum2020/entries/naturalism/.

Pautz, A., "Can Disjunctivists Explain Our Access to the Sensible World?" *Philosophical Issues*, 2011, 21 (1).

Pearl, J., *Causality: Models, Reasoning, and Inference (second edition)*, Cambridge University Press, 2009.

Pearl, J., "The Structural Theory of Causation", in Illari, P. M., Russo, F., Williamson, J. (eds.), *Causality in the Sciences*, Oxford University Press, 2011.

Plato, *Five Dialogues*, trans., Grube, G. M. A., Hackett Publishing Company, 2002.

Pritchard, D., *Epistemological Disjunctivism*, Oxford University Press,

2012.

Pritchard, D., *Epistemic Angst*, Princeton University Press, 2016.

Pryor, J., "The Skeptic and the Dogmatist", *Noûs*, 2000, 34 (4).

Putnam, H., *Reason, Truth, and History*, Cambridge University Press, 1981.

Putnam, H., *The Threefold Cord: Mind, Body and World*, Columbia University Press, 1999.

Putnam, H. (2011), "How to be a sophisticated 'naïve realist'", in Caro, M. D. and Macarthur, D. (eds.), *Philosophy in an Age of Science*, Harvard University Press, 2012.

Putnam, H., "Reply to John McDowell", in Auxier, R. E., Anderson, D. R. and Hahn, L. E. (eds.), *The Philosophy of Hilary Putnam*, Open Court, 2015.

Putnam, H., "Perception without Sense Data", in Caro, M. D. (ed.), *Naturalism, Realism, and Normativity*, Harvard University Press, 2016.

Putnam, H., "Pragmatism and Realism", in Macarthur, D. (ed.), *Pragmatism as a way of Life: The Lasting Legacy of William James and John Dewey*, Harvard University Press, 2017.

Pylyshyn, Z. W., *Computation and Cognition: Toward a Foundation for Cognitive Science*, MIT Press, 1984.

Raleigh, T., "Introduction: The Recent Renaissance of Acquaintance", in Knowles, J. and Raleigh, T. (eds.), *Acquaintance: New Essays*, Oxford University Press, 2019.

Reid, T. (1785), Brookes, D. (ed.), *Essays on the Intellectual Powers of Man*, University Park: Pennsylvania State University Press, 2002.

Robinson, H., *Perception*, London: Routledge, 1994.

Robinson, H. (2013), "The Failure of Disjunctivism to Deal with

'Philosophers' Hallucinations'", in Macpherson, F. and Platchias, D. (eds.), *Hallucination: Philosophy and Psychology*, The MIT Press, 2013.

Russell, B., "Knowledge by Acquaintance and Knowledge by Description", *Proceedings of the Aristotelian Society*, 1912 (11).

Schear, J. K. (ed.), *Mind, Reason, and Being-in-the-world: The McDowell-Dreyfus Debate*, Routledge Press, 2013.

Schellenberg, S., "The Relational and Representational Character of Perceptual Experience", in Brogaard, B. (ed.), *Does Perception Have Content*, Oxford University Press, 2014.

Searle, J. R., *Intentionality: An Essay in the Philosophy of Mind*, Cambridge University Press, 1983.

Searle, J. R., *Seeing Things as They Are: A Theory of Perception*, Oxford University Press, 2015.

Sedivy, S., "Disjunctivism and Realism: Not Naïve but Conceptual", in Doyle, C., Milburn, J. and Pritchard, D. (eds.), *New Issues in Epistemological Disjunctivism*, Routledge Press, 2019.

Sellars, W., *Empiricism and the Philosophy of Mind*, With an *Introduction* by Rorty, R., and a *Study Guide* by Brandom, R. Harvard University Press, 1997.

Shapiro, L., *Embodied Cognition (second edition)*, Routledge Press, 2019.

Shoemaker, S., "Phenomenal Character", *Noûs*, 1994, 28 (1).

Siegel, S., "Indiscriminability and the phenomenal", *Philosophical Studies*, 2004, 120 (1-3).

Siegel, S., "The Epistemic Conception of Hallucination", in Haddock, A. and Macpherson, F. (eds.), *Disjunctivism: Perception, Action, Knowledge*, Oxford University Press, 2008.

Slote, M. and Battaly, H., "Sentimentalist Virtue Epistemology: The Challenge of Personalism", in Snow, N. (ed.), *Oxford Handbook of Virtue*, New York: Oxford University Press, 2018.

Smith, A. D., *The Problem of Perception*, Harvard University Press, 2002.

Smith, A. D., "Disjunctivism and Discriminability", in Haddock, A. and Macpherson, F. (eds.), *Disjunctivism: Perception, Action, Knowledge*, Oxford University Press, 2008.

Snowdon, P. F., "The Formulation of Disjunctivism: A Response to Fish", *Proceedings of the Aristotelian Society*, 2005 (a), 105 (1).

Snowdon, P. F., "Some Reflections on an Argument from Hallucination", *Philosophical Topics*, 2005 (b), 33 (1).

Snowdon, P. F., "The Objects of Perceptual Experience", in Byrne, A. and Logue, H. (eds.), *Disjunctivism: Contemporary Readings*, MIT Press, 2009.

Sollberger, M., "Naïve Realism and the Problem of Causation", *Disputatio*, 2008, III (25).

Sollberger, M., "Causation in Perception: A Challenge to Naïve Realism", *Review of Philosophy and Psychology*, 2012, 3 (4).

Sosa, E., *A Virtue Epistemology: Apt Belief and Reflective Knowledge* (*Volume I*), Oxford University Press, 2007.

Sosa, E., *Knowing Full Well*, Princeton University Press, 2010.

Sosa, E., *Judgement and Agency*, Oxford University Press, 2015.

Sosa, E., *Epistemology*, Princeton University Press, 2017.

Soteriou, M., *Disjunctivism*, Routledge Press, 2016.

Soteriou, M., "The Disjunctive Theory of Perception", *The Stanford Encyclopedia of Philosophy* (Summer 2020 Edition), Edward N. Zalta (ed.), URL = https://plato.stanford.edu/archives/sum2020/entries/perception-disjunctive/.

Speaks, J., "Transparency, Intentionalism, and the Nature of Perceptual Content", *Philosophy and Phenomenological Research*, 2009, 79(3).

Strawson, G., "Mental Reality", *Philosophical and Phenomenological Research*, 1994, 58 (2).

Strawson, P. F. (1959), *Individuals*, Routledge Press, 2003.

Strawson, P. F. (1966), *The Bounds of Sense*, Routledge Press, 2006.

Strawson, P. F., *Scepticism and Naturalism: Some Varieties*, Columbia University Press, 1985 (a).

Strawson, P. F., "Causation and Explanation", in Vermazen, B. and Hintikka, M. B. (eds.), *Essays on Davidson: Actions and Events*, Oxford University Press, 1985 (b).

Stroud, B. (1968), "Transcendental Argument", *Understanding Human Knowledge*, Oxford University Press, 2000.

Sturgeon, S., "Reflective Disjunctivism", *Proceedings of the Aristotelian Society*, 2006, Supplementary Volume 80 (1).

Travis, C., "The Silence of the Senses", *Mind*, 2004, 113 (449).

Travis, C., "Frege, Father of Disjunctivism", *Perception: Essays after Frege*, Oxford University Press, 2013.

Travis, C., *Perception: Essays after Frege*, Oxford University Press, 2013.

Tye, M., *Ten Problems of Consciousness: A Representational Theory of the Phenomenal Mind*, MIT Press, 1995.

Tye, M., *Consciousness, Color and Content*, MIT Press, 2000.

Tye, M., "Qualia", *The Stanford Encyclopedia of Philosophy* (Summer 2018 Edition), Edward N. Zalta (ed.), URL = https://plato.stanford.edu/archives/sum2018/entries/qualia/.

Varela, F., Thompson, E., and Rosch, E., *The Embodied Mind: Cognitive Science and Human Experience*, Cambridge: MIT Press, 1991.

Weber, M., *The Vocation Lectures*, Owen, D. and Strong, T. B. (eds.),

Livingstone, R., trans., Hackett Publishing Company, 2004.

Williamson, T., *Identity and Discrimination*, Wiley Blackwell, 1990.

Williamson, T., *Knowledge and its Limits*, Oxford University Press, 2000.

Wilson, G., Shpall, S., and Glasscock, J. S. P., "Action", *The Stanford Encyclopedia of Philosophy* (Winter 2016 Edition), Edward N. Zalta (ed.), URL = https://plato.stanford.edu/archives/win2016/entries/action/.

Wittgenstein, L., *On Certainty*, Anscombe, G. E. M., Wright, G. H. (eds.), Paul, D., Anscombe, G. E. M., trans., Basil Blackwell, 1969.

Wright, C., "(Anti-) Sceptics Simple and Subtle: G. E. Moore and John McDowell", *Philosophy and Phenomenological Research*, 2002, Vol. LXV, (2).

Wright, C., "Comment on John McDowell's 'The disjunctive conception of experience as material for a transcendental argument'", in Haddock, A. and Macpherson, F. (eds.), *Disjunctivism: Perception, Action, Knowledge*, Oxford University Press, 2008.

Zagzebski, L., *Virtues of the Mind: An Inquiry into the Nature of Virtue and the Ethical Foundations of Knowledge*, Cambridge University Press, 1996.

Zagzebski, L., "The Search for the Souce of the Epistemic Good", *Metaphilosophy*, 2003, 34, reprinted in *Virtue Epistemology: Contemporary Readings*, Greco, J. and Turri, J. (eds.), MIT Press, 2012.

Zoe, D., "The Personal/Sub-personal Distinction", *Philosophy Compass*, 2014, (9) 5.

中文文献

陈嘉映（2007）:《哲学·科学·常识》，中信出版社 2018 年版。

陈仕伟:《知识何以比仅真信念更有价值》，《现代外国哲学》2018 年春季刊（a）。

陈仕伟：《知识论析取主义与幻觉论证》，《自然辩证法研究》2018年第4期（b）。

陈仕伟：《知识论析取主义与强怀疑论》，《自然辩证法研究》2019年第5期。

陈仕伟：《知识论析取主义与具身认知》，《哲学动态》2020年第3期（a）。

陈仕伟：《知觉生成主义与双视觉系统理论》，《自然辩证法通讯》2020年第8期（b）。

唐浩：《身体性自我知识初探》，《哲学动态》2017年第4期。

徐竹：《捍卫常识：从实践知识到行动哲学的新透视》，《哲学研究》2020年第7期。

郁锋：《麦克道尔和德雷福斯论涉身性技能行动》，《哲学分析》2019年第10期。

约翰·麦克道尔、唐浩等：《麦克道尔哲学访谈录》，《现代哲学》2014年第3期。

张晓梅：《托马斯·里德的常识哲学研究》，上海人民出版社2007年版。

张志林（1993）：《真理、逼真性和实在论》，载《在哲学之路上求索》，中山大学出版社2020年版。

张志林（1996）：《意义的分析：实在论与反实在论的争论》，载《在哲学之路上求索》，中山大学出版社2020年版。

张志林（2006）：《析哲学中的意向性问题》，载《在哲学之路上求索》，中山大学出版社2020年版。

张志林（2012）：《哲学家应怎样看科学？——兼评〈哲学·科学·常识〉》，载《在哲学之路上求索》，中山大学出版社2020年版。

中文译著

［美］布瑞·格特勒：《自我知识》，徐竹译，华夏出版社2013年版。

[爱尔兰] 德尔默·莫兰：《现象学：一部历史的和批评的导论》，李幼蒸译，中国人民大学出版社 2017 年版。

[奥] 路德维西·维特根斯坦：《逻辑哲学论》，韩林合译，商务印书馆 2013 年版。

[奥] 路德维西·维特根斯坦：《哲学研究》，李步楼译，商务印书馆 2017 年版。

[英] 托马斯·里德（1764）：《按常识原理探究人类心灵》，李涤非译，浙江大学出版社 2009 年版。

[英] 托马斯·里德（1785）：《论人的理智能力》，李涤非译，浙江大学出版社 2010 年版。

[英] 托马斯·里德（1788）：《论人的行动能力》，丁三东译，浙江大学出版社 2011 年版。

[美] 威尔弗里德·塞拉斯：《经验主义与心灵哲学》，王玮译，复旦大学出版社 2017 年版。

[美] 希拉里·普特南：《三重绳索：心灵、身体与世界》，孙宁译，复旦大学出版社 2017 年版。

[美] 约翰·R. 塞尔：《观物如实》，张浩军译，中国人民大学出版社 2021 年版。

索　　引

J

K

L

M

N

P

Q

R

S

W

X

Y

Z

后　记

本书修改自我的博士论文《知觉、行动与知识——一种“行动优先”的统一解释》。感谢国家社科基金后期资助暨优秀博士论文出版资助计划，让我得以在而立之年出版自己的第一本专著。

此次重修，在一些问题的处理上仍有不尽如人意之处。首先，在第二章历史争论部分，整个梳理从第一层就把观念论丢在了一边，然而当下德国观念论对知觉哲学研究的影响绝不输于实在论阵营。在朴素实在论的溯源上，早期牛津实在论也不应当被忽略。在朴素实在论盟友的选择上，赖尔（Gilbert Ryle）本应在此有一席之地，以及书中对安斯康姆、麦克道尔颇显离经叛道的解读也都应当有更充分的讨论和文本支撑。坦率地说，我完全有重写该部分的正当理由和冲动，最终却一仍其旧。这部分原因是力有不逮，更多的则是出于维持整部著作完整性的考量。如果要重写或者补充，很难避免历史叙事过多，显得头重脚轻，因此这里做出修改或许并非最好的选择。

其次，原博士论文中在分析因果—幻觉论证时，提到了认知科学领域的相关研究，并且将因果—幻觉论证反驳效力的核心来源归于关于知觉的经验科学研究。在回应这一论证时，本书很大程度上依赖于人格层面解释与亚人格层面解释的区分，但我也本可以正面地讨论认知科学领域不同研究范式分别有着怎样的本体论承诺，以及哪种范式更适合与朴素实在论搭伙。然而，一个哲学理论如果想要不只是泛泛而谈地引科学为援，那就必然需要进入经验研究的细节，而这样的讨论如果要充分，即便另开一章可能也未必够用。好在本书核心观点并不需要引科学站台，而只需与之兼容，因此更细节且更具野心的讨论或许可以留待日后主题更为集中的著作。

最后，对于原博士论文中的一些观点，在近两年为数不多的论文中，我已经做出了更新。例如关于实践知识的“真值条件”，博士论文中我认为“实践知识自身的‘真值条件’应以**行动的有无**为判定标准，而不是以**行动的成功与否**为判定标准”，但在毕业后的《关于实践知识的析取论》一文中，我将“行动的有无”进一步升级为“行动适切与否”，强调从“成功与否”到“适切与否”的转换。在此次修订中，我本想（或许本应该）将这些旧观点更新为新观点，但最终还是选择保留博士论文的原貌。这种“修旧如旧”的做法当然并没有什么合法性，只能说纯粹是出于为自身成长留下一点痕迹的私心。

上述自白好像表明我的“修改”至多只能算是一种“紧缩式的修改”：没有增添新的内容，仅仅是理顺了一些表达以及删去了一些我认为容易造成误解的段落。这样的修改方式部分出于无奈，部分也可算作自己的有意选择。保持敝帚的“原貌”作为自己第一本专著，这绝非出于自珍，更多的是自勉。本书从行动视角出发对朴素实在论—析取主义的发展或可一读，但挂一漏万，不足之处肯定更多，敬请各位师友批评指正。好在学术是一件不必急于求成的事，未尽完善之处且待未来继续精进。沉潜静气，学无止境。

行文至此，感谢刘亚楠编辑耐心的沟通与帮助，使得本书得以顺利出版。依体例专著需要删去原博士论文的致谢部分，这里篇幅有限我也就不再一一列出曾经在博士论文致谢中感谢过的家人、师父张志林教授及各位师友，无论是学生时代还是工作之后的我，都承蒙各位关爱，恩情永记。这里多记叙一点变化：原致谢中的婕宝已经成为我的妻子，感谢她的爱与陪伴。

2024 年 1 月 18 日